C.H.BECK ■ WISSEN

in der Beck'schen Reihe

Den erneuerbaren Energien aus Wasser, Sonne und Wind gehört die Zukunft. Dieser Aussage stimmen immer mehr Menschen zu. Aber wann beginnt die Energiezukunft und wie und von wem wird sie gestaltet? Der Band blickt nicht nur auf die nationale Diskussion, er stellt die angesichts des Klimawandels dringend notwendige Energiewende auch in den spannungsreichen internationalen Rahmen der Nord-Süd-Beziehungen und nimmt das gesamte Energiesystem in den Blick.

Das Fazit der Autoren ist: Die erneuerbaren Energien haben im Verbund mit einer drastischen Steigerung der Energieeffizienz das Potenzial, die vor uns liegenden Probleme zu lösen. Damit dies Realität wird, ist eine engagierte politische Flankierung notwendig, aber auch möglich. Die dynamische Entwicklung der erneuerbaren Energien in Deutschland zeigt, was durch entschlossenes Handeln erreicht werden kann.

Prof. Dr. *Peter Hennicke* ist Präsident des Wuppertal Instituts für Klima, Umwelt, Energie GmbH. Dr.-Ing. *Manfred Fischedick* ist Vizepräsident des Wuppertal Instituts und leitet die Forschungsgruppe «Zukünftige Energie- und Mobilitätsstrukturen».

Peter Hennicke
Manfred Fischedick

ERNEUERBARE ENERGIEN

Mit Energieeffizienz zur Energiewende

Verlag C. H. Beck

Mit 19 Abbildungen und 3 Tabellen

Originalausgabe
© Verlag C. H. Beck oHG, München 2007
Satz: Fotosatz Amann, Aichstetten
Druck und Bindung: Druckerei C. H. Beck, Nördlingen
Umschlagentwurf: Uwe Göbel, München
Printed in Germany
ISBN 978 3 406 55514 5

www.beck.de

Inhalt

I. Einführung

Warum noch ein weiteres Buch über erneuerbare Energien? Weil sie in Auseinandersetzung mit Skeptikern und Schwärmern ein stärker sachlich fundiertes und überzeugendes Plädoyer verdienen. Und weil wir versuchen wollen, die erneuerbaren Energien aus einer Perspektive zu zeigen, die das gesamte Energiesystem in den Blick nimmt.

Es gibt heute ausgezeichnete technische Expertenstudien über die erneuerbaren Energien, aber viele Fragen des technischen, ökonomischen und ökologischen Systemzusammenhangs auf nationaler und weltweiter Ebene (z. B. Beitrag zum Klima- und Ressourcenschutz im Wechselspiel zu anderen Optionen, positive Nebeneffekte jenseits des Klimaschutzbeitrages) bleiben dabei offen. Andererseits werden weitgehend unkritische Werke angeboten, die eine glänzende Zukunft der erneuerbaren Energien beschreiben, aber essenzielle Fragen unbeantwortet lassen: Wie kann der heute in vielen Weltregionen noch bescheidene und zum Teil relativ kostspielige Beitrag der erneuerbaren Energien so gesteigert werden, dass das fossil-nukleare Energiesystem vollständig und sozialverträglich durch erneuerbare Energien abgelöst wird?

Das Buch geht in seinem ersten Teil auf den Status quo der Nutzung erneuerbarer Energien ein und stellt darüber hinaus treibende Kräfte für die Markteinführung dar, insbesondere die Erfordernisse des Klimaschutzes und die Begrenztheit der fossilen Reserven und Ressourcen. Letzteres Argument für die erneuerbaren Energien ist so banal wie faszinierend. Banal ist es deshalb, weil Öl, Erdgas, Uran und Kohle endliche Energien sind und ihr jeweiliges Produktionsmaximum über «kurz oder lang» – wahrscheinlich in der aufgeführten Reihenfolge – den Einsatz erneuerbarer Alternativen erzwingen wird. Wann das der Fall sein wird und wie viel Zeit uns zur Umstellung bleibt, hängt entscheidend von der Entwicklung des Energiebedarfs ab. Denn die bis zur Mitte des Jahrhunderts noch erheblich anwachsende Weltbevölkerung wird bei ambitionierter innovativer Energiepolitik im günstigsten Fall mit der gleichen Energiemenge wie heute auskommen, aber unter Trendbedingungen («business as usual») wahrscheinlich mehr als die doppelte Energiemenge auf den Weltenergiemärkten verlangen wie heute.

Faszinierend ist, wie rasch erneuerbare Energien mittlerweile als Geschäftsfeld wahrgenommen werden, nicht nur von privaten Investoren, sondern mehr und mehr auch von den «Großen» der Energiewirtschaft. Und selbst hartgesottene Lobbyisten fossiler und nuklearer Energien «bekennen» sich in Hochglanzbroschüren zu den erneuerbaren Energien – wenngleich sie in der Realität eine nennenswerte Rolle der erneuerbaren Energien erst für eine scheinbar noch weit entfernte Zukunft sehen. Ihr Argument ist so schlagend wie kurzsichtig: Nur was sich bis heute am Markt durchgesetzt hat und zu keinen höheren Kosten führt, wird auch für die Zukunft als Lösung in die Überlegungen einbezogen.

Dieses Kurzfristdenken ist jedoch angesichts der anstehenden Probleme fahrlässig und es hat in der Vergangenheit den Fortschritt gelähmt. Denn nur solange die Schadenskosten des Klimawandels, aber auch die möglichen extrem hohen Schäden von Nuklearkatastrophen nicht in den Bilanzen und Versicherungsprämien vorkommen, hat dieses Argument die vorherrschende betriebswirtschaftliche Rationalität auf seiner Seite. «Vorwärts in die Katastrophe, aber so billig wie möglich», könnte man diese Rationalität umschreiben. In diesem Buch wird diese kurzsichtige Rationalität mit ihren eigenen Argumenten widerlegt werden: Eine strategisch beschleunigte Markteinführung der erneuerbaren Energien senkt langfristig, wenn sie mit einer Effizienzrevolution verbunden wird, die volkswirtschaftliche Energierechnung, verbessert die Wettbewerbsfähigkeit, führt über damit ausgelöste Innovationsimpulse und weltweit spürbar steigende Nachfrage zu guten Chancen auf den Exportmärkten und lässt letztlich positive Netto-Beschäftigungseffekte erwarten.

Gestützt auf Szenarien ist es heute bereits möglich, die Voraussetzungen für eine nachhaltige Energiezukunft für eine wachsende Weltbevölkerung zu beschreiben. Die hierzu notwendigen Primärenergiepotenziale und eine ungeheure Vielzahl von Nutzungstechniken für Sonne, Wasser, Wind, Biomasse und Geothermie sind weitgehend bekannt. Noch vor zwanzig Jahren wären Energieszenarien, wie wir sie im zweiten Teil des Buches darstellen oder zitieren, eine Sache für Science-Fiction-Romane gewesen. Realpolitiker und Spitzenmanager jedweder Couleur hätten uns unisono Wunschdenken vorgehalten. Doch selbst Szenarien der Internationalen Energieagentur (IEA) können sich heute, wenn auch noch zaghaft, alternative Energiezukünfte vorstellen (IEA 2006a). Denn die stürmische Entwicklung nachhaltigerer Energietechniken im letzten Jahrzehnt – vor allem bei Solar- und Windenergietechniken – hat gezeigt, dass das Utopische Realität werden kann, und zwar deutlich schneller, als selbst viele Optimisten geglaubt haben. Der Streit geht heute im Kern nicht mehr darum, ob den erneuerbaren Energien die Zukunft gehört. Gestritten wird darüber, wie viel Zeit für die Umstellung benötigt wird oder, anders ausgedrückt, ob bzw. wie der Übergang zu einer Solarenergiewirtschaft (als Synonym für eine stark auf der gesamten Palette der erneuerbaren Energien basierenden Energiewirtschaft) radikal abgekürzt werden kann.

Denn die Hinterlassenschaft des fossilen und nuklearen Zeitalters wird umso belastender, je länger der Kurswechsel unterbleibt. Angesichts immer bedrohlicher werdender Klimaänderungen und sich zuspitzender Ressourcenkonflikte ist die Zeit zum knappsten Faktor geworden. Es verbleiben der Menschheit nach aktuellen Erkenntnissen des Weltklimarates (IPCC 2007) noch 10 bis 15 Jahre, in denen die grundlegenden Richtungsentscheidungen zugunsten von Ressourcen- und Klimaschutz fallen müssen. Was die Menschheit heute beim Klimaschutz versäumt, muss wegen der Zeitverzögerung im Klimasystem in 50 Jahren erlitten und womöglich über Anpassungsmaßnahmen und resultierende Schäden umso teurer bezahlt werden (Stern 2006). Nur im Einklang mit den langfristigen Investitionszyklen können die gigantischen Infrastrukturen des fossil-nuklearen Energiesystems bis etwa zur Mitte des 21. Jahrhunderts in einem sozial und wirtschaftsverträglichen Strukturwandel umgesteuert werden – vorausgesetzt, wir beginnen jetzt damit!

Der im Auftrag der britischen Regierung 2006 vorgelegte Bericht des ehemaligen Weltbank-Ökonomen Stern bildet zudem eine Wendemarke in der Diskussion über die «Lasten des Klimaschutzes», als er die alten Kosten- und Opferlegenden des Klimaschutzes quasi vom Kopf auf die Füße gestellt hat: Unterlassener Klimaschutz, so die Analyse, kommt die Menschheit etwa um den Faktor 5–20 teurer zu stehen, als den Klimawandel zu bremsen. Aktiver Klimaschutz kostet etwa 1 % des Weltsozialprodukts jährlich – verschwindend wenig, gemessen an den Millionen menschlicher Opfer und katastrophalen ökonomischen Verwerfungen für die Weltwirtschaft, die dadurch vermieden bzw. begrenzt werden können (die Einbußen, die aus den potenziellen Schäden des Klimawandels entstehen, werden im Stern-Report auf jährlich 5 % und im Extremfall sogar 20 % geschätzt). Genauer gesagt: Nur in einigen Bereichen und erst bei hoch ambitionierten CO_2-Reduktionszielen verursacht Klimaschutz Zusatzkosten – Aufwendungen, die wir stemmen müssen, denn Klimaschutz zu unterlassen, wäre unbezahlbar. Auch der neue Weltklimabericht des IPCC bestätigt dieses Resümee: Im Abschlussbericht (Working Group III) werden die Kosten für den erforderlichen Klimaschutz für das Jahr 2030 auf 0,2 % bis maximal 3 % des globalen Bruttoinlandprodukts geschätzt, angesichts der vermeidbaren Folgeschäden des Klimawandels eine sehr geringe Größenordnung (IPCC 2007).

Die Herausforderungen für das Energiesystem in Deutschland, Europa und überall auf der Welt sind in der Tat gewaltig. Bei unveränderten Trends in der Weltenergieversorgung verstärken sich derzeit alle Risiken eines ungebremsten Energieverbrauchs durch den Einsatz fossiler und nuklearer Energien in katastrophaler Weise. Denn es kommt auf die gesamten Mengeneffekte bei der Nutzung fossiler und nuklearer Energien an, auch wenn einzelne Kraftwerke, Produktionsprozesse, Fahrzeuge oder Gebäude ungleich effizienter sind als früher. Durch die Aufsummierung der Effekte und wechselseitige Verstärkung nehmen sowohl

der Klimawandel und seine Auswirkungen als auch Ressourcenkonflikte und Atomenergierisiken zu.

Erneuerbare Energien können einen maßgeblichen Beitrag
leisten, die genannten Risiken einzudämmen, und eröffnen darüber hinaus eine Fülle industrie- und gesellschaftspolitischer
Chancen. Doch die Herausforderungen eines nachhaltigen Energiesystems sind so gewaltig, dass die erneuerbaren Energien allein
überfordert wären, den maßgeblichen Anforderungen an die
Energieversorgung zu begegnen. Zusätzlich ist deshalb die Ausschöpfung der möglichen Energieeffizienzpotenziale notwendig,
vor allem um den erforderlichen Finanzierungsspielraum zu
schaffen und einen zeitlich gestaffelten Transitionspfad in eine
zunehmend «erneuerbar» geprägte Energiewirtschaft zu ermöglichen. Die Effizienzsteigerung ist der natürliche Verbündete und
die unabdingbare Voraussetzung einer Solarenergiewirtschaft.
Denn das Vermeiden von unnötigem Energieverbrauch durch
den Einsatz von Effizienztechniken ist meistens erheblich kostengünstiger sowie Klima und Ressourcen schonender, als Energie in jedweder Form zu erzeugen. Energieeffizienz senkt in aller
Regel die Energierechnung für die gewünschte Energiedienstleistung (z. B. motorische Kraft, Transport, Kommunikation, Wärme
oder Kühlung) und ist deshalb in der Lage, vorübergehende
Preiserhöhungseffekte durch die forcierte Markteinführung von
erneuerbaren Energien weitgehend zu kompensieren. Daher
sollten Politiken und Maßnahmen zur Markteinführung der erneuerbaren Energien und der forcierten Effizienzsteigerung integriert konzipiert und möglichst bei jedem konkreten Projekt
miteinander verbunden werden.

Vor diesem Hintergrund will das vorliegende Buch die Chancen erneuerbarer Energien aus integrativer Systemsichtweise
darstellen, aber auch die möglichen Grenzen kritisch beleuchten.
Nach einem Überblick über die treibenden Kräfte hinter dem
Ausbau erneuerbarer Energien wird zunächst der Stand der
Technik in Deutschland und weltweit erläutert und die generel-
len Nutzungspotenziale beschrieben. Wir werfen darüber hinaus
einen nüchternen Blick auf die derzeit noch relativ geringen Deckungsanteile, zeigen aber auch die ungeheure Entwicklungs-

dynamik und die sich daraus ergebenden Perspektiven auf. Die zentralen Herausforderungen zur System- und Marktintegration erneuerbarer Energien werden diskutiert und in Verbindung mit der Energieeffizienz eine Formel für die Energiewende vorgeschlagen.

2. Erneuerbare Energien – mächtige Triebkräfte und Anforderungen

Für den Ausbau erneuerbarer Energien sprechen vielfältige Gründe. Gleichermaßen muss sich ihre verstärkte Nutzung aber auch messen lassen an den insgesamt an die Energieversorgung anzulegenden Anforderungen. Dabei wird deutlich, dass sich teilweise Synergien, aber auch Widersprüche und Zielkonflikte bei der Umsetzung abzeichnen. In der Debatte um künftige Optionen der Energieversorgung und um die Ausgestaltung des politischen Rahmens spielt die Diskussion um den Anforderungskontext je nach Position und Interessenlage eine unterschiedlich wichtige Rolle. Entsprechend variiert auch die Einschätzung der erneuerbaren Energien.

Energieversorgung der Zukunft –
Vielfältige Anforderungen

- Bedarfsgerechte Versorgung
- Versorgungssicherheit (effiziente Ressourcennutzung, Diversifizierung)
- Umwelt- und Klimaverträglichkeit
- Sicherung der Wettbewerbsfähigkeit
- Sozialverträglichkeit (→ ökonomisch tragfähig)
- Risikoarmut
- Industriepolitische Impulse (Technologieentwicklung/Export)
- Agrar- und regionalwirtschaftliche Impulse (Allokation der Wertschöpfung)
- Internationale Verträglichkeit (→ krisenbeständig)
- Geringe Systemverletzlichkeit (technisch, Angriffsziel von außen)
- Anpassungsfähigkeit an sich verändernde Rahmenbedingungen (Demographie, Klimawandel etc.)

Abb. 1: Anforderungen an die Energieversorgung der Zukunft im Überblick

Eine detaillierte Analyse der treibenden Kräfte für den Ausbau erneuerbarer Energien und der ihn hemmenden Faktoren würde den Umfang dieses Buches sprengen. Nachfolgend sollen deshalb zunächst eine grobe Übersicht relevanter Faktoren erfolgen und einzelne besonders bedeutsame Punkte herausgegriffen werden.

Gründe für den Ausbau im Überblick und worauf zu achten ist

Fragt man heute nach dem möglichen Beitrag der erneuerbaren Energien für eine nachhaltige Energieversorgung, wird zunächst auf ihr Klimaschutzpotenzial verwiesen. Allein in Deutschland hat ihre Nutzung in den Anwendungsbereichen Strom- und Wärmebereitstellung sowie Kraftstoffe im Jahr 2005 nach Angaben der Arbeitsgruppe Erneuerbare Energien (AGEE) dazu beigetragen, CO_2-Emissionen in der Größenordnung von 83 Mio. t zu vermeiden. Das sind fast 10 % der gesamten deutschen energiebedingten CO_2-Emissionen. Nach vorläufigen Zahlen betrug der Minderungsbeitrag 2006 schon 97 Mio. t CO_2, respektive 11 % der gesamten Emissionen.

Erneuerbare Energien sind heimische Energieträger, sie diversifizieren das Energieangebot und machen so unabhängiger von Öl- oder Gasimporten. Sie leisten damit einen erheblichen Beitrag zur Versorgungssicherheit und zur Vermeidung von Rohstoffkonflikten. Dies gilt erst recht, wenn es gelingt, die Technologien so weit zu entwickeln und marktfähig zu machen, dass sie auch in den armen Ländern der Erde angewendet werden können. Für viele Anwender schaffen sie gerade dort erst die Perspektive, über den Anschluss an das Stromnetz wirtschaftliche Aktivitäten zu entwickeln oder an Kommunikation und Bildung teilnehmen zu können – Optionen, für die vielfach die Verfügbarkeit von Energie Voraussetzung ist. Unter diesen Bedingungen sind erneuerbare Energien auch in der Lage, einen wichtigen Beitrag zur Armutsbekämpfung zu leisten. Mit Blickrichtung auf die Versorgungssicherheit ist allerdings zu konzedieren, dass auch erneuerbare Energien in ihrem Vorkommen ungleich verteilt sind, wenngleich in erheblich geringerem Umfang, als dies bei den fossilen Energieträgern der Fall ist. Spürbar ist dies heute schon bei der Biomasse, bei der man mittlerweile von einer regelrechten Nutzungskonkurrenz sprechen kann. Biomasse findet im Energiebereich zur Stromerzeugung, zur Wärmebereitstellung und als Kraftstoff Verwendung. Darüber hinaus wird Biomasse für stoffliche Zwecke eingesetzt und zunehmend in den industriellen Fertigungsprozess integriert. Bei begrenzten Potenzialen liegt es daher nahe, diese möglichst in den Bereichen zu verwenden, in denen die höchsten Effekte zu erzielen sind (vgl. Kapitel 3).

Erneuerbare Energien sind heute vielfach noch teurer als die angestammten konventionellen Alternativen, zumindest wenn man die klassische Kostenrechnung zugrunde legt und die externen Kosten der Energieversorgung (die durch Energiegewinnung, -umwandlung und -nutzung verursachten Schäden führen zum Teil zu erheblichen volkswirtschaftlichen Kosten, die in keiner Kostenbilanz enthalten sind) vernachlässigt. Schon unter Berücksichtigung der Kosten für die Emissionsrechte von CO_2, die aus dem europäischen Emissionshandelssystem resultieren und zumindest ansatzweise als eine anteilige Internalisierung externer Kosten verstanden werden können, verringert sich der Abstand beträchtlich.

Wie bei allen neuen Technologien sind auch für den weiteren Ausbau erneuerbarer Energien finanzielle Vorleistungen notwendig, die von der Gesellschaft zu tragen sind. Diese Vorleistungen werden aber nicht ohne Rendite bleiben. Sie führen dazu, sich mittel- bis längerfristig unabhängiger zu machen von volatilen und in der Tendenz steigenden fossilen Energieträgerpreisen. Auf der anderen Seite leistet ihr Ausbau einen Beitrag zur Begrenzung der Klimafolgekosten und ist in Verbindung zu sehen mit anderen ebenfalls nicht zum Nulltarif erhältlichen Klimaschutzstrategien. In diesem Sinne stellt der Ausbau erneuerbarer Energien eine sozialverträgliche Lösung dar und sichert langfristig die Wettbewerbsfähigkeit des Standorts.

Trotzdem wird gerade in der Diskussion um die richtige Klimaschutzstrategie häufig argumentiert, dass die erneuerbaren Energien noch zu teuer seien, um signifikante Beiträge zu leisten, und dass es deutlich kostengünstigere Maßnahmen gebe, um die energiebedingten CO_2-Emissionen zu senken. Die Ertüchtigung eines bestehenden Kohlekraftwerks oder der Ersatz einer alten Anlage durch ein hocheffizientes neues Kraftwerk sind sicher günstiger zu realisieren. Gemessen in CO_2-Minderungskosten ist dies schon für einige wenige Euro/t CO_2 zu haben im Vergleich zu im Mittel 40 bis 45 Euro/t CO_2 für eine CO_2-Vermeidung durch die Errichtung von Windkraftwerken. Allerdings ist das spezifische Minderungspotenzial der Kraftwerkssubstitution infolge von Wirkungsgradsteigerungen auf etwa 20 bis 30% begrenzt und weitergehende Minderungen, wie sie aus Klimaschutzgründen erforderlich sind, werden deutlich teurer. So kann der Wechsel von einem bereits guten Kraftwerk zu einer Anlage mit einem um noch einen Prozentpunkt höheren Wirkungsgrad zu deutlich höheren CO_2-Minderungskosten führen. Dies gilt auch für die Einbeziehung der Technologie der CO_2-Abtrennung und -Speicherung (hierunter versteht man die Abtrennung von CO_2 am Kraftwerk, die Aufbereitung vor Ort, den Transport und die dauerhafte Einlagerung in geeigneten Speichern wie z. B. leer geförderten Gasfeldern, durch deren Anwendung unter Berücksichtigung der vor- und nachgelagerten Prozesskette je nach Technologie 75 bis 90% der CO_2-Emissionen vermieden werden können), für die heute Zusatzkosten von 40 bis 70 Euro/t CO_2 kalkuliert werden können. Die spezifische Minderungswirkung der erneuerbaren Energien ist gegenüber den gesamten Optionen deutlich höher, zudem kann hier für die Zukunft noch von erheblichen Kostendegressionseffekten ausgegangen werden, da es sich um eine noch vergleichsweise junge Technologielinie handelt.

Erneuerbare Energien sind nicht nur in ihrer Nutzungsphase saubere Energieträger, sondern in aller Regel auch in der Phase der Herstellung und der Entsorgung bzw. des Recyclings. Dies gilt aber nicht uneingeschränkt und muss Ansporn sein, sich auch frühzeitig mit der vor- und nachgelagerten Prozesskette intensiv zu beschäftigen, etwa mit den Feinstaubemissionen von kleinen, einfachen Holzfeuerungssystemen oder dem fachgerechten Recycling von Problemstoffen aus einigen Solarzellenarten, um nur zwei Beispiele zu nennen. Diese Aufgaben sind aber lösbar und von deutlich anderer Qualität als etwa die Endlagerproblematik bei radioaktiven Abfallstoffen aus Kernkraftwerken und auch als die der großen Mengenströme, die mit einer zukünftigen CO_2-Speicher- und Transportinfrastruktur verbunden sein können. Erneuerbare Energien haben somit speziell im Vergleich zur Kernenergie ein ganz erhebliches Risikominderungspotenzial.

Auch Natur- und Landschaftsschutz sind wichtige Aspekte und vor allem für die Windenergie und die Biomasse relevant. Durch geeignete Standortwahl (z. B. zur Vermeidung von Schattenwürfen von Windkraftwerken) und einen sinnvollen Mix an erneuerbaren Energien (z. B. zur Vermeidung von Monokulturen) können die Auswirkungen auf Landschaft und Umwelt aber deutlich begrenzt werden. Inwieweit diese Eingriffe gesellschaftlich akzeptiert werden, ist nicht zuletzt eine Frage der vergleichenden Technikbewertung, denn eine Energieversorgung ohne jegliche Auswirkungen auf Mensch und Umwelt ist derzeit nicht vorstellbar. In Bezug auf den Umweltschutz können erneuerbare Energien aber neben dem globalen Klima- und Ressourcenschutz auch im erheblichen Umfang positive örtliche Nebeneffekte mit sich bringen. Dies gilt beispielsweise für die Vermeidung der hohen Innenraum-Schadstoffbelastung beim Kochen mit fossilen Brennstoffen in ländlichen Regionen vieler Entwicklungsländer (z. B. durch moderne Solarkocher oder optimierte Biomasseöfen) ebenso wie für die Reduktion der Luftverschmutzung in den Megacitys dieser Welt (z. B. durch Ersatz fossiler Kraftwerke durch regenerative Systeme).

Erneuerbare Energien basieren in der Regel auf heimischen Energieträgern und kommen überwiegend auf der lokalen bzw. regionalen Ebene zur Anwendung. Sie tragen dementsprechend zur regionalen Wertschöpfung bei, leisten agrar-, regionalwirtschaftliche und industriepolitische Impulse und helfen zukunftssichere Arbeitsplätze aufzubauen. Dies gilt direkt vor Ort bei der Nutzungs- und Bereitstellungsphase, aber auch darüber hinaus durch die Herstellung von Technologien für den Exportmarkt. Mit rund 214 000 Beschäftigten (2006) allein in Deutschland sind erneuerbare Energien jetzt schon zum maßgeblichen Wirtschaftsfaktor geworden und haben andere Energiesektoren bereits deutlich überholt.

Erneuerbare Energien ermöglichen, dass sich ein breiterer Kreis an Akteuren aktiv an der Energieversorgung beteiligt. Das auf dem Strommarkt bestehende Oligopol (in Deutschland beherrschen vier große Unternehmen (RWE, E.ON, EnBW, Vattenfall) rund 90% der Stromerzeugung) kann nur durch den Marktzutritt vielfältiger neuer Akteure aufgebrochen und wettbewerbsintensiver gestaltet werden. In der Regel ist beim Marktzutritt von Newcomern aufgrund der dezentralen Struktur pro Anlage ein erheblich geringerer Investitions- und Infrastrukturaufwand erforderlich als bei fossil befeuerten Großkraftwerken. Die Eintrittsschwelle in den Markt ist damit deutlich niedriger, und Möglichkeiten bestehen quasi überall, denn die regenerativen Primärenergieressourcen sind geografisch breiter verteilt.

Aufgrund ihrer häufig dezentralen Struktur sind erneuerbare Energien weniger anfällig gegenüber großflächigen Ausfällen und insgesamt geringeren technischen Risiken unterworfen als verschiedene konventionelle Alternativen. Zukünftig wird es aber auch bei den erneuerbaren Energien zentralere Nutzungsstrukturen geben (z. B. große Offshore-Windparks oder solarthermische Kraftwerke im Sonnengürtel der Erde). Deshalb muss vor allem die Netzanbindung entsprechend abgesichert sein.

Weniger anfällig erscheinen erneuerbare Energien aber auch hinsichtlich potenzieller Ein-/Angriffe von Außen (Sabotage, terroristische Anschläge). Aus der Vergangenheit sind hier vor allem gezielte Anschläge auf die Ölinfrastruktur bekannt. Zwischen Mitte 2003 und Mitte 2005 wurden allein im Irak etwa dreihundert Attentate auf Ölanlagen (Förderanlagen, Pipelines) verübt. Das Land musste vor diesem Hintergrund den Ölexport zum Teil komplett einstellen. Hohe Risiken stehen auch bei den internationalen Transportverbindungen (z. B. Schifffahrtsrouten). Ein großer Teil des globalen, nicht ortsfesten Energieträgertransports erfolgt entlang einer beschränkten Zahl von Transportrouten. Die wohl bedeutendste ist die Tankerroute aus dem Persischen Golf durch die Straße von Hormus in den Golf von Oman. Von dort aus beliefern Tanker Westeuropa, die USA und in Asien hauptsächlich Japan und China. Im Jahr 2003 wurden täglich über 15 Millionen Barrel Rohöl auf dieser Route transportiert – über 50% der gesamten Ölproduktion des Mittleren Ostens und gut 20% der Weltölförderung.

Vor diesem Hintergrund können erneuerbare Energien weltweit einen signifikanten Beitrag zur Friedenssicherung leisten und den Demokratisierungsprozess beschleunigen. Durch ihren Ausbau könnte die «Weltmacht Energie», die heute durch die Monopolisierbarkeit von Öl, Erdgas, Uran und Kohle nicht nur über eine riesige Kapitalmacht verfügt, sondern in vielen Ländern auch die politische Macht mitsteuert, in Zukunft «re-sozialisiert» werden. Energieerzeugung und -nutzung können künftig in hochmoderner und vielfältiger Form wieder näher an den Ort des Verbrauchs (Haushalte oder Betriebe) «zurückkehren», weil Energie durch ein ungleich dezentraleres Portfolio von Techniken bereitgestellt werden kann als heute. Auch wenn bei einer komplett regenerativen Energieversorgung neue zentrale Verbundsysteme in Industrieländern an Bedeutung gewinnen werden, lässt sich dennoch feststellen: Erneuerbare Energien haben ein immanentes Demokratisierungspotenzial. Ein erneuerbares Energiesystem ist kein Rückschritt, wie Kritiker manchmal glauben machen, im Gegenteil, es basiert auf einer enormen Technikvielfalt, einem riesigen Weltmarkt für Innovationen und auf dem Einfallsreichtum kreativer Ingenieure; es fördert den Abbau von Marktmacht von multinationalen Energiekonzernen, die Reduzierung von Importabhängigkeit und von Energiepreisschwankungen, und es begünstigt die notwendige Ressourcenabrüstung, bevor aus dem kalten marktwirtschaftlichen ein heißer militärischer Globalkonflikt um Ressourcen wird.

Die Energieversorgung und damit der mögliche Beitrag erneuerbarer Energien sind schließlich auch vor dem Hintergrund zu sehen, dass sich das Umfeld auf der Zeitachse stetig ändert. Energiesystemen wird daher ein erhebliches Maß an Anpassungsfähigkeit abverlangt. Von besonderer Bedeutung sind aus heutiger Sicht dabei vor allem demografische Veränderungen und die zunehmend schon real spürbaren bzw. sich in der Tendenz mehr und mehr abzeichnenden Auswirkungen des Klimawandels mit einer Steigerung der Anzahl und Heftigkeit von Wetterextremen und der Verschiebung von Vegetationszonen. Demografische Veränderungen in den Industrieländern (langfristiger Rückgang der Bevölkerung mit starken regionalen Ungleichgewichten, Alterung der Gesellschaft) wirken sich stark auf die leitungsgebundenen Energieträger Gas und vor allem Fernwärme aus, die auf eine hohe Verbrauchsdichte angewiesen sind. Von Klimaveränderungen können aber auch die erneuerbaren Energien betroffen sein. So ist beispielsweise zu prüfen, inwieweit hierdurch die verfügbaren Potenziale beeinflusst werden (z. B. Anbaumöglichkeiten von Energiepflanzen) oder auch zusätzliche Nutzungsanforderungen entstehen (z. B. solares Kühlen).

Versucht man auf der Basis der genannten Anforderungen an die Energieversorgung ein Resümee zu ziehen, fällt die Bilanz der erneuerbaren Energien in der Summe positiv aus. Nur die erneuerbaren Energien können im Verbund mit einer deutlichen Steigerung der Energieeffizienz langfristig alle ökologischen, ökonomischen und sozialen Dimensionen einer nachhaltigen Energieversorgung erfüllen. Keine Energieform ist aber perfekt, auch die erneuerbaren Energien nicht. So lassen sich aus der vergleichenden Analyse mit den fossil-nuklearen Energieoptionen an verschiedenen Stellen klare Kriterien für die Weiterentwicklung der erneuerbaren Energien ableiten. Dies gilt vor allem für den Aspekt der bedarfsgerechten Versorgung, die Notwendigkeit zu Kostendegressionen, die möglichst schonende Einbindung in die Umwelt/Landschaft und die Tatsache, dass viele erneuerbare Energien aufgrund ihrer zumeist geringen Energiedichte weitgehend dezentralisiert und ortsgebunden eingesetzt werden müssen, was insbesondere die Energienetze vor neue Herausforderungen stellt.

In diesem Zusammenhang verdient eine bedarfsgerechte und sichere Versorgung besondere Beachtung. In den meisten Industrieländern ist es heute selbstverständlich, dass der Strom auch fließt, wenn der Stecker in der Steckdose ist, und das Licht angeht, wenn der Lichtschalter betätigt wird. In vielen Ländern der Welt gehören allerdings Stromausfälle und erhebliche Energieengpässe zum Alltag. An Energiesysteme mit hohen Anteilen erneuerbarer Energien wird daher mit Recht die Anforderung gestellt werden, dass auch sie einen Beitrag zur bedarfsgerechten Energieversorgung in allen Lastbereichen und für alle Kundengruppen leisten müssen. Während dies für die Wasserkraft, die Biomassenutzung und die Geothermie kein Problem ist und daraus auch erhebliche Grundlastversorgungsanteile resultieren können, sind die solaren Optionen und auch die Windenergie dargebotsabhängig, d. h., ihr Angebot wird von den jeweiligen meteorologischen Gegebenheiten bestimmt, große Fluktuationen eingeschlossen. Auch wenn die Angebotsschwankungen bei einer Betrachtung im Systemverbund (im Verhältnis zu einer einzelnen Anlage) deutlich geringer sind, reicht dies noch nicht aus, um sichere Leistungsanteile zu gewährleisten. Deshalb arbeitet man heute an verschiedenen Stellen an einer optimierten Systemintegration. Dies gilt z. B. für eine Verbesserung der Prognosesysteme, die Nutzung flexibler Verbraucher als Zwischenpuffer (Lastmanagement), die Entwicklung von Hybridkraftwerken und neuen Speichersystemen etc. In Kapitel 5 wird intensiver auf den Aspekt der Systemintegration eingegangen.

Geschaffene Abhängigkeiten und Risiken begrenzen

Von 1950 bis 2004 ist der Verbrauch von Öl von 470 auf 3767 Millionen Tonnen Öläquivalent («tons of oil equivalent», toe) und der von Erdgas von 171 auf 2420 Mio. toe förmlich explodiert. Noch immer werden etwa 80% des weiter ungebremst wachsenden Weltenergieverbrauchs durch Öl, Erdgas und Kohle, nur 6% durch Atomenergie, aber immerhin zwischen 13 und 16% durch erneuerbare Energien gedeckt. Die fossilen Energieträger haben einem Teil der Menschheit nach dem Zweiten Weltkrieg zweifelsohne einen ungeheuren Wirtschaftsaufschwung ermöglicht, und nicht zuletzt haben einzelne, heute multinational aufgestellte Unternehmen davon erheblich profitiert. Exploration und Nutzung von fossilen Energieträgern haben aber durch die Freisetzung von Schadstoffen auch eine Fülle von Problemen wie den Klimawandel, die Versauerung von Böden und Ökosystemen sowie Schäden für Menschen und Vermögenswerte verursacht. Heute wird immer mehr deutlich, dass dieser fossil geprägte Entwicklungsweg weder für die Mehrheit einer wachsenden Weltbevölkerung praktikabel ist noch die bisherigen Privilegien der reichen Länder sich ohne weiteres ohne sich zuspitzende Konflikte in die Zukunft verlängern lassen. Kaum jemand bestreitet heute noch ernsthaft, dass die bisher gewohnte Versorgungssicherheit mit «billigem» Öl und Erdgas der Vergangenheit angehört. Physische Verknappungsprobleme und Preissprünge in Krisensituationen, aber auch im Trend werden wahrscheinlicher.

Vor allem Erdöl wird knapp und teurer: das Maximum der weltweiten Ölförderung wird nach den Erwartungen der Bundesanstalt für Geowissenschaften und Rohstoffe (BGR) zwischen 2015 und 2025 erwartet, unterstellt man einen im Trend erheblich weiter steigenden Verbrauch und eine damit einhergehende wachsende Importabhängigkeit aller Großverbraucherländer. Dadurch wird Erdöl mindestens teuer bleiben, es könnte aber auch noch erheblich im Preis steigen. Allein zwischen Dezember 2003 und Dezember 2005 verteuerten sich die Ölimporte um 90,8 %. Ursache war vor allem die erhöhte weltweite Nachfrage, insbesondere der sprunghaft gestiegene Bedarf Chinas und Indiens, aber auch der USA. Daneben sorgten auch temporäre Sondereinflüsse für zusätzliche Ausschläge der Ölpreise. Dazu gehören zum Beispiel die Produktionsausfälle in Venezuela infolge von Streiks (August 2004) oder infolge der Hurrikan-Katastrophe in New Orleans/ USA (August/September 2005).

Der Anstieg des Ölpreises hat bisher aber noch kein nachhaltiges Umdenken bewirkt. Eine Ursache dafür ist auch, dass der reale Ölpreis (unter Berücksichtigung der allgemeinen Inflationsrate) von Anfang der 80er Jahre bis zur Mitte der 90er Jahre auf weniger als ein Drittel gesunken ist. Selbst im scheinbaren Rekordjahr 2006 hat er noch nicht einmal das reale Niveau der 80er Jahre erreicht. Der «vom Markt» ausgehende Substitutions- und Energiesparimpuls für das Verkehrssystem und für Gebäudeheizungen hat zwar weltweit Wirkung gezeigt. Aber die Börse bejubelt bereits geringe Ölpreissenkungen wieder als «Entspannung» und der eigentlich notwendige drastische Strukturwandel «weg von Öl» findet noch nirgendwo in der Welt mit der notwendigen Konsequenz statt. Die nominale Ölpreisentwicklung allein ist daher ein ungeeignetes Frühwarnsystem für die Dringlichkeit einer Energiewende; hier nur auf den Markt zu vertrauen hieße, sehenden Auges den Tanker auf einen Eisberg zuzusteuern.

Erdgas gilt weltweit vielfach als Substitut für Öl: Die Erdgasvorräte sind zwar ergiebiger als die von Öl, aber ebenfalls begrenzt, hier steigen gerade auch in Europa die Nachfrage und die Importabhängigkeit überproportional. Weltweit hat ein hektischer Ansturm auf Kraftwerksgas als scheinbar billigste Form der CO_2-Reduktion bei der Stromerzeugung eingesetzt, weil in modernen GuD-(Gas und Dampf-)Kombi-Kraftwerken der Wirkungsgrad selbst bei reiner Stromerzeugung auf über 58 % und als Kraft-Wärme-(Kälte-)Kopplungsanlage auf über 90 % gesteigert werden kann. Aber wegen der Koppelung an den Ölpreis werden die Gaspreise dessen Preisanstieg zeitverzögert folgen. Darüber hinaus wird verdrängt, dass Erdgas eigentlich viel zu kostbar ist, um es quasi im historischen Schnelldurchgang in den Industrieländern für die reine Stromerzeugung zu verfeuern. Denn Öl- und Gasressourcen werden längerfristig als Basis für die weltweite Petrochemie gebraucht, insofern taugt der verstärkte Einsatz von Erdgas auch nur als Brückenstrategie und erfordert ein zeitgleiches Umsteuern der Märkte auf erneuerbare Energien und Energieeffizienz.

Die verbleibenden Reserven beim Öl, aber auch beim Erdgas konzentrieren sich auf immer weniger Länder in zudem häufig instabilen Weltregionen (z. B. Mittlerer und Naher Osten); zunehmende geostrategische Konflikte und in der Folge starke Preisvolatilitäten sind wahrscheinlich. Der Run auf Öl und Erdgas destabilisiert Länder und Regionen. Für die Bevölkerung in vielen Entwicklungsländern ist der natürliche Reichtum an Öl- und Erdgasressourcen eher zum Fluch als zum Segen geworden (z. B. Nigeria, Sudan).

Die Öl-Importabhängigkeit aller Großregionen und Hauptverbraucherländer der Erde wächst im Trend besorgniserregend an. Das gilt für die Entwicklungsgiganten China und Indien, aber auch für praktisch alle OECD-Länder. Im Jahr 2030 werden die meisten dieser Länder zu mehr als 80% von Ölimporten abhängig sein. Auch der Ölhunger der USA, das zu diesem Zeitpunkt voraussichtlich 60% des im Land verbrauchten Öls einführen muss, ist nahezu ungebrochen. Dies gilt ungeachtet erster noch zaghafter Versuche, die Ölnachfrage beispielsweise im Fahrzeugsektor zu begrenzen.

Der Anteil der Energieträger, der in die EU importiert werden muss, wächst nach Prognosen der IEA bis zum Jahr 2030 im Trend von 50 auf fast 70%, bei Öl sogar auf fast 90% und bei Erdgas auf über 80%; für Deutschland ist im Trend von noch höheren Importquoten auszugehen. Dieser Trend ist das Gegenteil von mehr Energiesicherheit, denn er macht die Wirtschaft durch Preis- und Mengenkrisen auf den Energiemärkten verwundbar und die Politik erpressbar.

Nach der ökonomischen Lehre werden die Märkte entsprechende Antworten auf die Knappheitsanzeichen finden. Öl und Gas werden über kurz oder lang aufgrund der Preissignale durch alternative Optionen ersetzt werden, sei es durch den Übergang von konventionellen zu nichtkonventionellen Vorkommen (z. B. Ölsande, Schwerstöle) oder andere Substitute (z. B. kohlebasierte Produkte). Doch stimmt das wirklich? Berechtigte Zweifel sind angebracht, gibt es doch Grenzen jenseits der Marktmechanismen, die die grundsätzlichen Möglichkeiten einschränken (z. B. Geschwindigkeiten technologischer Entwicklungen, ökologische Schranken, Fragen der Akzeptanz).

Kohle ist zwar relativ versorgungssicher, aber bei zunehmender Verfeuerung hoch problematisch für das Klima. Auch effizienteste Kohlekraftwerke emittieren etwa doppelt so viel CO_2 pro kWh wie moderne Gaskraftwerke. Die Abscheidung und Lagerung (engl. Carbon Capture and Storage, CCS) von CO_2 ist noch in der Entwicklung und viele Fragen sind noch offen. CCS wird im günstigsten Fall um 2020 reif für die breite Einführung sein und den Kohlestrom um rd. 2–3 ct/kWh verteuern.

Sehr problematisch für das Klima und die Umwelt ist die Tatsache, dass nach Angaben der Kohleindustrie ab einem dauerhaften Ölpreis von oberhalb 40$/Barrel die Verflüssigung von Kohle zu synthetischem Kraftstoff wirtschaftlich wird, was selbst unter Einbeziehung von CCS enorme zusätzliche Mengen CO_2 freisetzen würde. Das gleiche gilt für die Ausbeutung von Ölsanden (z. B. in Kanada), die ab etwa 35 $/Barrel wirtschaftlich wird und nicht zuletzt wegen des hohen Wasserverbrauchs und des notwendigen hohen Energieeinsatzes bei der Gewinnung zu gravierenden Umweltproblemen und erhöhten CO_2-Emissionen führt. Darüber hinaus wird derzeit darüber nachgedacht, den Einsatz von Erdgas für die Aufbereitung der Ölsande durch die Verwendung von Atomkraftwerken zu ersetzen. Ein höheres Maß an Versorgungssicherheit würde so durch signifikant höhere Risiken anderer Art erkauft.

Dass die Kernenergie die kommenden Versorgungsengpässe auf den Öl- und Gasmärkten nicht lösen wird, zeigt sich auch auf andere Weise. Die Kernenergie hatte weltweit bereits zwischen 1970 und 1990 ihre eigentliche Aufschwungphase erlebt. Die nukleare Stromerzeugungskapazität stieg von 16 000 Megawatt (1970) auf 328 000 Megawatt (1990) an, um danach nur noch moderat auf 369 000 Megawatt (2005) zuzulegen. Die IEA geht davon aus, dass «die Nuklearstromproduktion um 2015 ihren Höhepunkt erreicht und dann allmählich zurückgehen wird» (IEA 2005, 85). Im Jahr 2005 wurde weltweit nur in Finnland und in Pakistan mit Bauarbeiten an zwei neuen Kernkraftwerken begonnen. China hat mit 31 zusätzlichen Atomreaktoren bis 2020 die weltweit ambitioniertesten Ausbaupläne, aber es bleibt abzuwarten, was hiervon tatsächlich realisiert wird. Das gleiche gilt für Indien, das seine Nuklearkapazität von heute 3000 MW bis 2022 fast verzehnfachen möchte.

In den USA versucht die Bush-Regierung mit Subventionen und Steuernachlässen im Wert von etwa 1,8 ct/kWh für die ersten 6000 MW den Neubau von Kernkraftwerken anzureizen, «aber es ist unklar, ob neue US-Reaktoren den ökonomischen Test überstehen», denn ein Neubau von Kernkraftwerken ist weltweit auf Wettbewerbsmärkten eine riskante Kapitalanlage.

Die langen Bauzeiten, die langfristige Kapitalbindung, die begrenzte Einsatzfähigkeit (in der Regel nur für reine Stromerzeugung in der Grundlast und in großen nationalen Stromversorgungsnetzen), die Auflagen für die Sicherheit, die in vielen

Ländern unzureichende Akzeptanz sowie die unsicheren Kosten der Stilllegung und Endlagerung bedeuten für Kreditgeber ein relativ hohes Anlagerisiko. Vor diesem Hintergrund und den weltweit relativ spärlichen Planungen von einer «Renaissance der Kernenergie» zu sprechen und signifikante Lösungsbeiträge zu erwarten ist durch die Fakten nicht gedeckt. Und selbst wenn die Kernenergie in wenigen Industrie- oder Schwellenländern weiter ausgebaut würde: global betrachtet bleibt ihr Beitrag zum Klima- und Ressourcenschutz schon deshalb bescheiden, weil davon auszugehen ist, dass für die meisten Entwicklungsländer die nationalen Strommärkte für große Atomkraftwerke viel zu klein und die politischen Risiken des Missbrauchs in Krisenregionen unverantwortlich hoch wären.

Eine echte Alternative zur Versorgungssicherheit bieten deshalb nur der weitere Ausbau erneuerbarer Energien und die konsequente Umsetzung einer engagierten Energieeffizienzinitiative; die Kombination aus beiden Strategien löst die Zielkonflikte auf Dauer billiger und zukunftsfähiger als die in der Diskussion befindlichen konventionellen Optionen.

Klimaschutz ist ohne erneuerbare Energien nicht denkbar

Die Reduzierung der Importabhängigkeit, die Entschärfung der Konfliktlagen um knapper werdende Öl- und Gasressourcen, die Vermeidung der Kernenergierisiken, die Diversifizierung der Energiebasis und die damit verbundene Abkopplung von der Ölpreisentwicklung, die Chancen zum Aufbau einer einheimischen Wirtschaft für Komponenten und Anlagen der erneuerbaren Energieversorgung, die Förderung von Vielfalt, Wettbewerb und Demokratie (durch den Abbau von Marktmacht) sind gute Gründe, die erneuerbaren Energien mit besonderem Nachdruck zusammen mit der Energieeffizienz voranzutreiben – auch wenn es kein Klimaproblem gäbe.

Wenn eine ambitionierte Anschlusslösung an das im Jahr 2012 auslaufende – ohnehin nach Aussage der Klimawissenschaft noch völlig unzureichende – Kyoto-Protokoll nicht erreicht wird, wird ein dramatischer Klimawandel wahrscheinlich nicht mehr vermeidbar sein. Klimaschutzszenarien zeigen die Bedeutung des Zeitfaktors und die Dringlichkeit einer Entscheidung in der heutigen Verzweigungssituation. Selbst im günstigsten Fall – Priorität für ein drastisches weltweites CO_2-Reduktionsregime – wird die global gemittelte Temperatur noch über Jahrzehnte deutlich ansteigen. Selbst bei einer abrupten CO_2-Vermeidungsstrategie müssen bereits heute neben forcierten Klimaschutzprogrammen auch Vorsorge- und Anpassungsmaßnahmen für Länder und Regionen, die vom Klimawandel als erste schwer geschädigt sein werden, geplant und umgesetzt werden.

Zwar war den Klimaforschern bekannt, dass die Zeitverzögerung zwischen der Freisetzung von klimawirksamen Gasen und Klimaänderungen mehrere Jahrzehnte beträgt, aber die gesellschaftspolitischen Implikationen wurden erst in den letzten Jahren deutlicher. In den Enquete-Kommissionen des Deutschen Bundestages zum Schutz der Erdatmosphäre (1987–1994) lag der Schwerpunkt der Analyse noch vollständig auf Fragen der Vermeidung des Klimawandels. Es bestand seinerzeit sogar die begründete Hoffnung, dass diese Schwerpunktsetzung in Europa eine ambitionierte CO_2-Reduktionspolitik begründen könnte, anders als in den USA, wo lange Zeit einflussreiche Wissenschaftler der Politik eine «Wait and see»-Position beim Klimaschutz angeraten haben.

Inzwischen haben sich sowohl die Analysen als auch die konkreten Politikplanungen immer mehr auch der Anpassung zugewandt. Heute finden in finanzstarken Ländern, ohne dass es die Öffentlichkeit so richtig wahrnimmt, in einem erheblichen Umfang Anpassungsinvestitionen statt. Dies betrifft vor allem Vorsorgemaßnahmen vor Wetterextremen (z. B. Jahrhundert-Hochwasser, Taifune, Bodenerosion etc.), die in Form von Sicherungsmaßnahmen gegenüber Überschwemmungen, Lawinen und Erdrutschen bereits eine erhebliche Dimension angenommen haben.

Meist handelt es sich um das Zusammenwirken verschiedener Ursachen, wenn es zu derartigen Katastrophen kommt. Die vom Menschen verursachten Klimaänderungen nehmen dabei immer häufiger die Rolle eines Auslösers oder Verstärkers ein. Die Überschwemmungen in Deutschland und in Süd- und Osteuropa vom Sommer 2002 zeigen beispielhaft bereits heute, bei vergleichsweise noch geringen anthropogenen Klimaänderungen, das eklatante Missverhältnis zwischen den relativ geringen Kosten der Vermeidung und den wachsenden Kosten der Anpassung. Allein für die deutsche Landwirtschaft wurden die Überschwemmungsschäden des Jahres 2002 auf über eine Milliarde Euro geschätzt, der Gesamtvermögensschaden lag mit etwa 10 Milliarden Euro noch deutlich höher. Das Deutsche Institut für Wirtschaftsforschung (DIW) geht für Deutschland denn auch perspektivisch von Folgeschäden eines ungebremsten Klimawandels in Höhe von 110 Mrd. Euro bis zum Jahr 2025 und 330 Mrd. Euro bis zum Jahr 2050 aus.

Die Entwicklungsländer sind in vielerlei Hinsicht die Hauptleidtragenden der steigenden Temperaturen. Denn Armut und Unterentwicklung werden schon jetzt durch Wetterextreme und Klimawandel (z. B. Hitzeperioden, Überschwemmungen, Krankheiten, Bodenerosion) verschärft und der Schutz vor noch erheblich ernsteren Folgen des Klimawandels ist vor allem von den Ärmsten der Armen weit weniger finanzierbar als in den zweifellos ebenfalls betroffenen Industriestaaten.

Daher sind für die große Mehrheit der Entwicklungsländer integrierte Strategien der Anpassung an den Klimawandel und der gleichzeitigen Markteinführung erneuerbarer Energien in Verbindung mit der Steigerung der Energieeffizienz essentiell. Das weltweite Engagement für einen verstärkten Klimaschutz muss vor diesem Hintergrund in ein abgestimmtes multilaterales Entwicklungs- und Finanzierungskonzept zur forcierten Markteinführung von Energieeffizienz und erneuerbaren Energien eingebunden werden. Die integrierte Steigerung der Energieeffizienz in Verbindung mit den erneuerbaren Energien könnte sowohl die nachhaltige Entwicklung als auch den weltweiten Klimaschutz gerade auch in den Entwicklungsländern voranbringen, wenn die – nur vorübergehenden – Mehrkosten von den Industrieländern im eigenen Interesse aufgebracht würden. Multilaterale Abkommen sind hier besonders zielführend, aber auch bilaterale Initiativen zwischen Industrie- und Entwicklungsländern

können beispielgebend wirken. Vor allem könnte damit ein Zeit-
gewinn erreicht werden. Denn beim globalen Klimaschutz sind
viele Jahre dadurch verloren gegangen, dass auch andere Groß-
verursacher (z. B. die EU, Japan, Russland, Kanada) ihre mangelnde Entschlossenheit hinter der besonders provozierenden
Untätigkeit der amerikanischen Bundesregierungen verstecken
konnten.

Weltweit wächst inzwischen durch neue wissenschaftliche Erkenntnisse die Besorgnis, dass der Klimawandel unter Referenz-
bedingungen noch schneller und bedrohlicher ablaufen könnte
als noch 2001 im dritten Klimasachstandsbericht der Vereinten
Nationen – herausgegeben vom Intergovernmental Panel on Climate Change (IPCC), in dem weltweit alle relevanten Klimawis-
senschaftler zusammengeschlossen sind – prognostiziert worden
war. Darüber hinaus macht der im Frühjahr 2007 vorgelegte
vierte Klimabericht des IPCC unmissverständlich klar, dass die
Hauptursachen für die messbare Temperaturerhöhung beim
Menschen zu suchen sind.

Die zunehmenden Wetterextreme und die darüber hinaus eher
schleichenden Entwicklungen werden sowohl Auswirkungen
auf ein ambitionierteres weltweites «Post-2012»-Klimaregime
haben als auch neue wirtschaftliche Chancen für Vorreiterrollen
schaffen. Auch in den USA zeichnet sich zunehmend ein Stim-
mungswandel in der öffentlichen Meinung ab, der vor allem auf
der Ebene von Bundesstaaten, Städten und Unternehmen zu erheblichen Aktivitäten geführt hat. Hervorstechendes Beispiel
dafür ist Kalifornien mit seinen freiwilligen ambitionierten CO_2-
Minderungszielen.

Das IPCC geht davon aus, dass bis Mitte des 21. Jahrhunderts
weltweit eine Treibhausgasreduktion um mehr als 50 % (55 %
relativ zu 1990) notwendig ist, um die Konzentration allein von
CO_2 auf einem gerade noch tolerierbaren Wert in Höhe von
490 ppm zu stabilisieren; um 1870, zu Beginn der Industrialisie-
rung, lag der Wert für CO_2 bei rund 280 ppm. Dadurch könnte
der Temperaturanstieg auf etwa 0,1 °C pro Dezennium und absolut auf maximal 2,4 °C bzw. 2 °C in diesem Jahrhundert begrenzt werden – ein Anstieg, bei dem die Klimawissenschaft er-

wartet, dass sich Ökosysteme und Gesellschaften zwar nicht ohne erhebliche Folgen, aber doch ohne dauerhaft einschneidende und gefährliche Konsequenzen anpassen können. Dies entspricht auch dem Ziel der 1992 in Rio de Janeiro initiierten UN-Klimarahmenkonvention, die in Art. 2 alle Unterzeichnerstaaten verpflichtet, die nationalen CO_2-Emissionen auf einem Niveau zu stabilisieren, das zu keinen dauerhaft gefährlichen Schäden führt.

Auch die Europäische Kommission hat sich das Ziel für den globalen Temperaturanstieg von maximal 2 °C zu eigen gemacht. Als ersten Beitrag dazu hat der EU-Rat im März 2007 beschlossen, die Treibhausgas-Emissionen bis zum Jahr 2020 um 20 % gegenüber dem Niveau des Jahres 1990 senken zu wollen. Deutschland hat sich mit einer Regierungserklärung im April 2007 bereit erklärt, mit einer Minderungsverpflichtung von 40 % bis 2020 einen überproportionalen Beitrag zu leisten. Unter der Voraussetzung, dass andere Länder ähnlich engagierte Ziele formulieren, will die EU ihre Zielmarke auf 30 % erhöhen. Dem EU-Rat war bei seiner Entscheidung klar, dass eine derartige Minderung der Treibhausgasemissionen nicht ohne eine erhebliche Effizienzsteigerung und einen deutlichen Ausbau erneuerbarer Energien zu erreichen sein wird. Zeitgleich ist daher die Vorgabe entstanden, den Energieverbrauch gegenüber dem Trend bis 2020 um 20 % zu senken und den Primärenergieanteil der erneuerbaren Energien von heute rund 6 % (Stand 2005) auf 20 % im Jahr 2020 zu erhöhen.

Mittelfristig sind, wie auch der G-8-Gipfel Mitte 2007 in Heiligendamm in Ostdeutschland feststellte, deutlich weiter gehende Reduktionsziele für Treibhausgasemissionen primär von den Industrieländern notwendig. Länder wie Deutschland und England haben zusätzlich anerkannt, dass eine globale Halbierung der Treibhausgasemissionen von den Industrieländern als Vorleistung eine Rückführung von 60 % bis zu 80 % bis zum Jahr 2050 erfordert. Insofern können auch die für die Effizienzsteigerung und die erneuerbaren Energien von der EU formulierten Ziele nur eine wichtige Zwischenetappe darstellen.

3. Erneuerbare Energien – was ist das überhaupt?

Wenn man heute von erneuerbaren Energien spricht, hat man unterschiedlichste Nutzungsoptionen vor Augen. Das gilt nicht nur bezogen auf die verschiedenartigen Quellen, sondern auch hinsichtlich der zum Einsatz kommenden Technologien und der Verwendungsarten. Erneuerbare Energien lassen sich vereinfacht klassifizieren nach ihrem Entstehungsursprung. Direkt oder indirekt aus der Solareinstrahlung abgeleitete Nutzungsmöglichkeiten sind beispielsweise die Solarenergie (Photovoltaik, solarthermische Kollektorsysteme, solarthermische Kraftwerke), die Windenergie, die Wasserkraft sowie die Biomasse. Auf die Zerfallsprozesse im Erdinneren zurückzuführen ist die Nutzung der

Primärener-giequellen	Erscheinungsform	Natürliche Energie-umwandlung	Technische Energie-umwandlung	Sekundärenergie
SONNE	Biomasse	Biomasse-Produktion	Heizkraftwerk/Konversionsanlage	Wärme, Strom, Brennstoff
	Wasserkraft	Verdunstung, Niederschlag, Schmelzen	Wasserkraftwerk	Strom
	Windkraft	Atmosphärenbewegung	Windenergieanlage	Strom
		Wellenbewegung	Wellenkraftwerk	Strom
	Solarstrahlung	Meeresströmung	Meeresströmungskraftwerk	Strom
		Erwärmung der Erdoberfläche und Atmosphäre	Wärmepumpen	Wärme
			Meereswärmekraftwerk	Strom
		Solarstrahlung	Fotolyse	Brennstoff
			Solarzelle, Photovoltaik-Kraftwerk	Strom
			Kollektor, solarthermisches Kraftwerk	Wärme
MOND	Gravitation	Gezeiten	Gezeitenkraftwerk	Strom
ERDE	v.a. Isotopenzerfall	Geothermik	Geothermisches Heizkraftwerk	Wärme, Strom

Abb. 2: Übersicht über Art und Nutzungsformen erneuerbarer Energien (Quelle: BMU 2006a)

Erdwärme (Geothermie). Schließlich ermöglicht die Anziehungs-
kraft zwischen Erde und Mond die Nutzung der Gezeitenenergie. Erneuerbare Energien kommen dabei im gesamten Energiesystem zum Einsatz. Sie werden sowohl zur Stromerzeugung
genutzt als auch zur Wärmebereitstellung oder zur Kraftstoff-
produktion. Insbesondere die Biomasse zeigt sich als vielfältig
verwendbar, was nicht nur Vorteile hat, sondern aufgrund der
insgesamt begrenzten Potenziale heute bereits zu intensiven Nut-
zungskonkurrenzen führt.

Die gesamten auf erneuerbare Energien entfallenden Energie-
ströme entsprechen etwa dem 3000fachen des derzeitigen jährlichen Weltenergieverbrauchs. Aufgrund vielfältiger Einschrän-
kungen technischer, struktureller und ökonomischer Art ist aber
nur ein kleinerer Anteil davon realistischerweise zu nutzen. Zudem variiert das Angebot an erneuerbaren Energien räumlich
sehr stark. Dennoch haben erneuerbare Energien das Potenzial,
zukünftig nicht nur einen erheblichen Anteil der Energieversorgung zu gewährleisten, sondern im Verbund mit einer klugen
Strategie der rationelleren Energieverwendung diese auch dauerhaft zu sichern.

Im Weiteren werden die unterschiedlichen Nutzungsoptionen
erneuerbarer Energien systematisch in Kurzform beschrieben.
Dabei wird auf das generelle Nutzungsprinzip eingegangen, werden die verschiedenartigen Verwendungsformen aufgezeigt und
der heutige technologische Entwicklungsstand skizziert. Am Beispiel der Gegebenheiten in Deutschland erfolgt zudem eine Diskussion der verfügbaren Potenziale und der aktuellen Entwick-
lungstrends. Für eine intensivere Auseinandersetzung mit den
Wirkungsprinzipien erneuerbarer Energien sei auf die vielfältige
Fachliteratur verwiesen (z. B. Kaltschmitt/Wiese 2004).

Solarstrahlung – hohe Nutzungspotenziale nicht nur in sonnenreichen Gebieten

Die Solarstrahlung ist in vielfältiger Weise nutzbar. Während solarthermische Kraftwerke auf die direkte Solarstrahlung angewiesen sind und dementsprechend nur im Sonnengürtel der Erde

zur Anwendung kommen können, sind die solarthermische Wärmebereitstellung durch Solarkollektoren und die photovoltaische Stromerzeugung auch in weniger sonnenreichen Ländern geeignete Nutzungsformen.

Photovoltaische Stromerzeugung   Die direkte Umwandlung von Sonnenlicht in Strom mittels Solarzellen bzw. -modulen beruht auf dem so genannten photovoltaischen Effekt. Als «Stromgenerator» dienen prinzipiell verschiedene Dotierungen von Halbleitermaterialien (bisher vor allem Silizium), die zu einer Solarzelle zusammengefasst werden. Der natürliche «Brennstoff» besteht aus Sonnenlicht. Die Stromerzeugung ist dabei auf die sehr dünne Grenzschicht beschränkt, in der durch die Solarstrahlung Ladungsträger freigesetzt werden. Diese werden durch die separaten Elektroden einem äußeren Stromkreis und damit den Verbrauchern zugeführt.

Kernkomponente (Stromgenerator) einer Photovoltaikanlage (PV-Anlage) ist die Solarzelle, in der abhängig von Material, Zellendesign, Lichtintensität und bestrahlter Fläche eine Span-

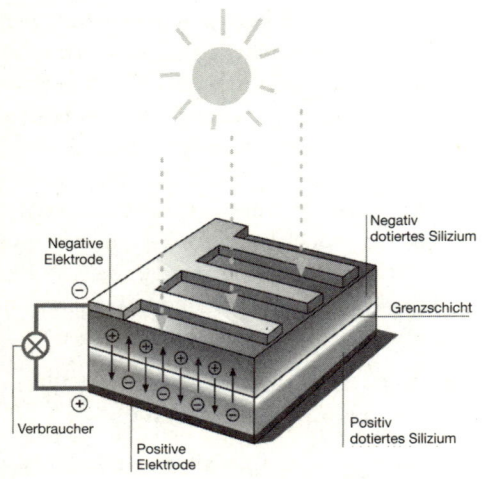

Abb. 3: Schematische Darstellung der Funktionsweise einer siliziumbasierten Solarzelle (Quelle: Seifried et al. 2003)

nung und Gleichstrom erzeugt werden. Da die durch Sonnenlicht in einer Solarzelle induzierte Spannung (ca. 0,5 V für Silizium) für viele Anwendungen zu niedrig ist, werden mehrere
Zellen in Reihe geschaltet und zudem zum Schutz vor äußeren
Einflüssen in einem Solarmodul zusammengefasst. Zu den weiteren wesentlichen Komponenten von PV-Systemen gehören
Stromkabel und Befestigungssysteme sowie im Falle der autarken Versorgung Laderegler und Energiespeicher oder im Falle
der netzgekoppelten Versorgung Wechselrichter und Stromzäh-
ler. Die Anlagentechnik wird ergänzt durch diverse Dienstleistungen wie z. B. Simulationsprogramme für die individuelle Planung oder eine automatische Fernüberwachung und -erfassung
von Betriebszustand und Ertrag.

Für die Stromerzeugung mittels Photovoltaik kommt eine
Reihe verschiedener Materialien und Solarzellen-Designs zum
Einsatz bzw. künftig in Betracht, die sich in Eigenschaften, Stand
der Technik und der Markteinführung zum Teil sehr voneinander unterscheiden. Am weitesten verbreitet sind bisher kristal-
line Solarzellen aus Silizium, die auf der Basis von mono- oder
polykristallinen Siliziumscheiben (Wafer) im industriellen Maß-
stab produziert werden. Beide Typen zusammen haben einen
Anteil von rd. 91% (polykristalline rd. 52%) am Weltmarkt
(Stand 2005). Mit ihnen werden derzeit von allen kommerziell
bedeutsamen Solarzellen die höchsten elektrischen Wirkungsgrade erreicht, wobei monokristalline Zellen (≤ 16%) generell
etwas besser abschneiden als polykristalline Zellen (≤ 15%).
Dagegen sind letztere aufgrund ihres wesentlich einfacheren und
weniger energieintensiven Kristallisationsverfahrens (z. B. Block-
guss-Verfahren) in der Produktion (Anschaffung) kostengünstiger. Trotz des hohen Energieaufwands für die Herstellung kris-
talliner Solarzellen «amortisieren» sie sich energetisch betrachtet
im Mittel innerhalb von weniger als drei bis vier (polykristalline
Solarzellen) bzw. gut sieben (monokristalline Solarzellen) Jahren. Aufgrund ihrer üblichen technischen Lebensdauer von deutlich mehr als 20 Jahren liefern sie daher erheblich mehr Energie,
als für ihre Produktion benötigt wurde.

Die anderen heute kommerziell verbreiteten Solarzellentypen

erreichen dagegen bisher weltweit nur einen Marktanteil von insgesamt gut 9%. Dazu gehören einerseits die so genannten Dünnschicht-Solarzellen aus amorphem Silizium (a-Si), Cadmium-Tellurid (CdTe) und Kupfer-Indium-(Di-)Selenid (CIS). Mit ihnen werden Wirkungsgrade zwischen etwa 8% (a-Si) und 12% (CIS) und energetische Amortisationszeiten zwischen gut einem (CdTe-Systeme) und weniger als drei (a-Si-Systeme) Jahren erreicht. Sie zeichnen sich im Vergleich zu den kristallinen Solarzellen durch deutlich material- und energieeffizientere und damit kostengünstigere Fertigungsverfahren aus. Eine erfolgreichere Marktverbreitung wird bisher jedoch vor allem durch eine zu niedrige Produktivität aufgrund geringer Beschichtungsraten und noch relativ kleiner Produktionskapazitäten gehemmt.

Aber auch bei den kristallinen Siliziumzellen gibt es Fortschritte in der Fertigung. So wird mit einer Variante polykristalliner Solarzellen aus bandgezogenem Silizium schon heute ein nennenswerter Marktanteil (rd. 3% in 2005) erreicht. Diese heben sich von den «konventionellen» polykristallinen Solarzellen durch ein anderes, schnelleres und materialeffizienteres Wafer-Fertigungsverfahren ab, bei nahezu gleich hohen Wirkungsgraden der Solarzellen. Trotz dieser fertigungsspezifischen Vorteile konnte ihr Marktanteil, vor allem aufgrund von Engpässen beim speziell benötigen Rohstoff Silizium-Granulat, bisher jedoch nicht gesteigert werden.

Darüber hinaus gibt es noch verschiedene neue Solarzellen-Technologien, die mehr oder weniger an der Schwelle zur Markteinführung stehen. Dazu gehören im Wesentlichen Farbstoff- bzw. organische Solarzellen, Multispektral- und Konzentrator-Solarzellen. Bei den Farbstoffsolarzellen (FSZ) und den organischen Solarzellen (OSZ) handelt es sich um innovative photo-elektrochemische Dünnschichttechniken, die sich vor allem durch ihre Funktionsweise von den oben dargestellten Halbleiter-Solarzellen unterscheiden. Dabei bestehen die FSZ im Unterschied zu den OSZ nur zum Teil aus organischem Material (elektrische Kontakte nicht mitbetrachtet). Von beiden Techniken wird erwartet, dass sie sich im Vergleich zu kristallinen Solarzellen deutlich günstiger herstellen lassen. Allerdings wurden im Labor bisher nur relativ niedrige Spitzenwirkungsgrade von gut 10 % bei FSZ mit flüssigen Elektrolyten und bis zu 5 % bei den OSZ erreicht. Beide Techniken befinden sich noch zum großen Teil im Forschungs- und Entwicklungsstadium, so dass mit einer Markteinführung erst mittel- bis langfristig gerechnet werden kann.

Das Konzept der so genannten Multispektralzellen (auch als Stapelzellen bekannt) bietet ein viel versprechendes Potenzial, um den Zellenwirkungsgrad bei günstigen Fertigungskosten (Dünnschichttechnologie) auf deutlich mehr als 30 % zu erhöhen. Dazu werden mehrere Halbleiter mit unterschiedlichen Energie- lücken in geeigneter Weise miteinander kombiniert (übereinander «gestapelt»), so dass insgesamt ein größerer Teil der auftreffen- den solaren Strahlungsenergie als bei einfach aufgebauten Solar- zellen in elektrische Energie umgewandelt werden kann. Die einfachste Variante ist die so genannte Tandemsolarzelle, die aus zwei verschiedenen Halbleitern mit unterschiedlicher Energie- lücke besteht. Die Technik der Stapelzellen befindet sich aller- dings gleichfalls noch überwiegend im Forschungs- und Ent- wicklungsstadium.

Konzentratorzellen, bei denen das auf die Solarzelle einfal- lende Sonnenlicht zuvor mittels optischer Systeme wie Spiegel oder Linsen konzentriert wird, stellen einen weiteren Ansatz zur Steigerung des Zellen-Wirkungsgrads dar. Für diesen Zweck eig- nen sich die oben genannten Stapelzellen besonders. Mit solchen Solarzellen wurden in den USA bereits Wirkungsgrade von knapp 30 % bzw. knapp 40 % für Zweifach- bzw. Dreifach-Sta- pelzellen erzielt. Die unter Laborbedingungen erreichten Spitzen- wirkungsgrade von poly- und monokristallinen Siliziumzellen liegen dagegen derzeit bei etwas mehr als 20 % und 24 % (Stand Mitte 2005). Die bestimmungsgemäße Anwendung von Konzen- tratorzellen erfordert allerdings zusätzlich die Nachführung der Module nach dem Sonnenstand. Diese Technologie steht nach Aussagen der Entwicklungsfirmen an der Schwelle zur Marktein- führung.

Von spezieller Bedeutung sind ferner Gallium-Arsenid-Solar- zellen, mit denen im Labor der bisher höchste Wirkungsgrad (rd. 25%) bei einfach aufgebauten Solarzellen erzielt werden konnte. Da ihre Herstellung im Vergleich zu den kristallinen Silizium basierten Solarzellen aber deutlich teurer ist, werden sie bislang lediglich in geringem Umfang und nahezu ausschließlich für den Einsatz im Weltraum produziert. In diesem Nischenmarkt (wenige MWp p.a.) haben sie aufgrund ihrer vorteilhaften physikalischen Eigenschaften einen Marktanteil von etwa 50% (Stand 2001).

Aufgrund ihres breiten Leistungsspektrums von Milli- bis Mega-Watt (mW-MW) kommen Photovoltaiksysteme für sehr verschiedene Bereiche zur Anwendung. Diese reichen von sehr kleinen Systemen zur autarken Stromversorgung z. B. von Konsumgütern (Uhren, Taschenrechner etc.) und der produktiven Nutzung von hocheffizienten solar betriebenen Leuchten mit LED (Light Emitting Diodes) in Entwicklungsländern bis hin zu netzgekoppelten Großanlagen auf großen Gebäuden (z. B. Messen, Flughäfen) oder großen Freiflächen (z. B. landwirtschaftliche Brachen, ehemalige Militärgelände) mit System-Leistungen von mehr als einem MW. Der überwiegende Anteil der Anwendungen bezogen auf die weltweit installierte Leistung entfällt seit Ende der 90er Jahre auf die netzgekoppelten, vornehmlich dezentralen PV-Anlagen im Gebäudebereich. Das weltweite hohe Marktwachstum spielt sich hauptsächlich in diesem Bereich der netzgekoppelten Anlagen ab und wird bisher durch die drei Länder Deutschland, Japan und die USA dominiert.

In Deutschland, dem derzeit weltweit mit Abstand größten Photovoltaikmarkt (vor Japan und den USA), entfallen Ende 2005 aufgrund der Förderung durch das Erneuerbare-Energien-Gesetz (EEG) sogar rund 98% auf netzgekoppelte Anlagen. Dabei handelt es sich bei etwa 40% um kleine dezentrale Hausanlagen (≤–10 kW), bei etwa 50% um größere Anlagen (bis zu wenigen 100 kW) auf z. B. öffentlichen, gewerblichen oder industriellen Gebäuden und beim Rest um Großanlagen überwiegend auf Freiflächen. Aufgrund des solaren Strahlungsangebots in Deutschland (zwischen 900 und 1100 kWh pro m² und Jahr bezogen auf die Horizontale) können mit der heutigen Anlagentechnik jährlich im Mittel etwa 800 kWh an Strom pro installierter Spitzenleistung (kWp) erzeugt werden. Bezogen auf den Durchschnittsverbrauch eines deutschen Haushalts in Höhe von etwas mehr als 3 500 kWh pro Jahr kann eine dezentrale Photovoltaikanlage mit einer typischen Größe von 3 kWp rein rechnerisch damit zu gut zwei Dritteln zur Deckung der privaten Stromnachfrage beitragen. Dafür sind im Fall polykristalliner Silizium-Solarzellen je nach Modulgröße zwischen ca. 11 und 30 Solarmodule (100 bzw. 275 W pro Modul) zu installieren, bei einem Flächenbedarf von etwa 23 bis 27 m².

Die für einen maximalen Strom-Ertrag optimale Ausrichtung von Solarmodulen ist natürlich der Süden, bei einer optimalen Neigung in der Vertikalen von im Mittel etwa 30 Grad in Deutschland. Eine begrenzte Abweichung hiervon in Folge einer vorgegebenen Dachform hat jedoch nur relativ kleine Ertragsminderungen zur Folge: Selbst bei einer exakten Ost- oder Westausrichtung beträgt der Ertrag noch etwa 85 % bezogen auf die optimale Ausrichtung, kann mit zunehmend steilerem Dach (bei einer Neigung von 60 Grad, Satteldach) allerdings noch auf bis zu 70 % absinken. In diesem Fall steht aber zugleich eine bis zu doppelt so große Nutzfläche (bezogen auf die Grundfläche) zur Verfügung, so dass dieser ertragsmindernde Effekt prinzipiell durch eine größere Anzahl an Modulen kompensiert werden kann.

Die spezifischen Gestehungskosten für PV-Strom in Deutschland liegen heute bei etwa 50 ct/kWh für dezentrale Aufdach-Anlagen (bis zu wenigen 100 kWp), bezogen auf eine Anlagenlebensdauer von 20 Jahren (in sonnreicheren Gebieten werden im Vergleich dazu Kosten von 25 bis 35 ct/kWh realisiert). PV-Strom ist damit im Vergleich zum durchschnittlichen Strompreis für deutsche Haushalte (ca. 19,6 ct/kWh) noch erheblich teurer. Aufgrund der politischen Förderung durch das EEG, das eine feste Vergütung des eingespeisten Stroms vorsieht, können PV-Anlagen – über den gesamten Nutzungszeitraum betrachtet – in der Regel aber dennoch wirtschaftlich betrieben werden. Durch die langfristig gesicherte Förderung und die damit verbundene Marktausweitung werden erhebliche weitere Kostendegressionseffekte erwartet. Bei einer unterstellten Preissteigerung für Haushaltsstrom von im Mittel 2 % p.a. und einer Senkung der

Gestehungskosten für PV-Strom um jährlich 5 % (analog der Degressionsrate für die EEG-Vergütung) wäre der photovoltaisch erzeugte Strom aus der Sonne rein rechnerisch ab dem Jahr 2022 konkurrenzfähig.

Insgesamt steht in Deutschland eine potenziell nutzbare Fläche für PV-Module, sieht man von einer massiven Freiflächennutzung ab, von schätzungsweise 700 km² zur Verfügung (exklusive der Nutzungskonkurrenz durch solarthermische Anlagen). Davon entfallen etwa 200 km² auf geeignete Dachflächen, 150 km² auf geeignete Fassadenflächen und mit 350 km² der größte Anteil auf geeignete Stellen innerhalb von Siedlungsflächen. Bei vollständiger Erschließung dieser Potenziale ist eine photovoltaische Stromerzeugung aus Sonnenlicht in Höhe von bis zu etwa 105 Mrd. kWh/a möglich, was bezogen auf die heutige Stromnachfrage in Deutschland einem Anteil von rd. 16 % entspräche. Der heutige Beitrag der Photovoltaik zur gesamten deutschen Stromnachfrage liegt zum Vergleich bei etwa insgesamt 1 TWh, entsprechend 0,2 % (Tendenz aber deutlich steigend), und zeichnet sich durch ein deutliches Gefälle von Süd (ca. 0,4 bis 0,7 %) nach Nord (<0,1 bis 0,2 %) aus (Stand 2005).

Solarthermische Wärmebereitstellung   In Abgrenzung zur PV-Anlage, die Strom aus der solaren Strahlung generiert, geben thermische Solaranlagen die absorbierte Sonnenstrahlung in Form von Wärme an ein Wärmeträgermedium (Wasser, Wasser-Glykol-Gemisch) ab. Diese Wärme kann zur Bereitstellung von Warmwasser und Raumwärme, in Sonderanwendungen auch zur solaren Klimatisierung (Kühlung bzw. Entfeuchtung) genutzt werden.

Die Hauptkomponente einer Solaranlage, der Sonnenkollektor, nutzt sowohl die direkten als auch die diffusen Strahlungsanteile der Sonne. Weitere Bauteile einer Solaranlage sind Rohrleitungen, Solarpumpe, Entlüftungs- und Sicherheitsventile, Ausdehnungsgefäß, Mischarmatur (als Verbrühungsschutz), Solarspeicher und Solarregler.

Abgesehen von relativ geringen spezifischen indirekten Emissionen bei der Herstellung sowie kraftwerksbedingte Emissionen

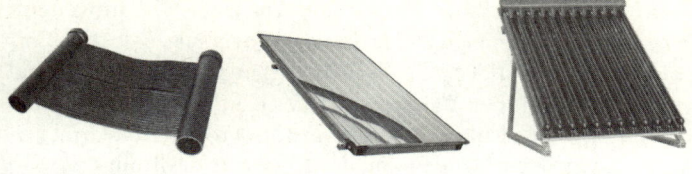

a) Schwimmbadabsorber   b) Flachkollektor (Buderus)   c) Vakuumröhrenkol-
                                                             lektor (Solvis)

Abb. 4: Verschiedene thermische Solaranlagen

für die Bereitstellung von Pumpenstrom arbeiten Solaranlagen
im Betrieb emissionsfrei.

Die technisch einfachste und preiswerteste Art, mit Hilfe der
Sonne warmes Wasser bereitzustellen, ist der meist ungedämmte
Absorberkollektor, der vorwiegend zur Beheizung von Schwimm-
bädern verwendet wird. Er besteht im Wesentlichen aus Zulauf-
und Rücklaufsammelleitungen, welche über eine Vielzahl kleiner
strahlungsabsorbierender, UV-Licht-, hitze- und kältebeständi-
ger Kunststoffleitungen zu Matten miteinander verbunden sind.
Die Absorberrohre werden direkt vom Schwimmbadwasser
durchströmt, welches sie auf etwa 25 bis 35°C erwärmen.

Zur Bereitstellung von Brauchwarmwasser oder Raumwärme
eignen sich Flach- oder (Vakuum-)Röhrenkollektoren. Die häu-
figste Bauart sind die Flachkollektoren, welche in der Herstellung preisgünstiger sind, im Vergleich zu Röhrenkollektoren
aber größere Wärmeverluste aufweisen. Sie bestehen aus einem
flächigen Absorber,[*] einer transparenten und entspiegelten Glas-
abdeckung, einer Wärmedämmung auf der Rückseite und einem
Rahmen (meist aus Aluminium oder Stahlblech). Die Glasab-

---

[*] Der Absorber ist dasjenige Bauteil, das die Sonnenstrahlung absorbiert,
d. h. in Wärme umwandelt. Im einfachsten Fall (dem Absorberkollektor)
ist die Anlage gleichzeitig auch Absorber. Beim Flach- sowie beim Röhrenkollektor hingegen handelt es sich um ein Bauteil, in den meisten Fällen
ein dunkel beschichtetes Metallblech (z. B. aus Kupfer oder Aluminium),
das mit wärmeleitenden Rohren verbunden ist. Mit einem hochwertigen,
selektiv beschichteten Absorber können 90 bis 95% der einfallenden
Solarstrahlung eingefangen werden.

deckung des Kollektors schützt den Absorber vor Umwelteinflüssen und minimiert gleichzeitig die Wärmeverluste. Die Entspiegelung vermindert die Reflexion der Sonnenstrahlen und vergrößert somit den Wärmeertrag des Kollektors. Die Wärmedämmung (meist Mineralfaserdämmstoffe) reduziert Wärmeverluste an den Seitenwänden und der Rückseite des Kollektors.

Mit einem Vakuumröhrenkollektor lassen sich die höchsten Temperaturen und Solarerträge erzielen. Bei ihm sind mehrere evakuierte Glasröhren zu einem Kollektor zusammengefasst. Durch das Vakuum werden – ähnlich wie bei einer Thermoskanne – die Wärmeverluste auf ein Minimum reduziert. Dadurch sind sie insbesondere im Winter bei niedrigen Außentemperaturen den Flachkollektoren überlegen. Der Absorber ist als Blechstreifen in die einzelne Röhre eingefügt. Um einen an den Standort angepassten idealen Energieertrag zu erzielen, kann er durch Drehung senkrecht zur Sonne ausgerichtet werden. Bei Röhrenkollektoren werden noch zwischen den Unterbauarten der *direkt durchflossenen Vakuumröhren* und der so genannten *Heat-Pipes* unterschieden. Nachteile der Vakuumröhren sind der höhere Preis sowie der Umstand, dass sie sich in der Regel nicht für eine Indach-Montage eignen.

Ein Flachkollektor von einem Quadratmeter mit einer Leistung von ca. 0,7 kW kann bei idealer Ausrichtung einen Jahresenergieertrag von rund 450 kWh erwirtschaften. Vakuumröhrenkollektoren erzielen aufgrund minimierter Abstrahlungsverluste eine 30% bis 50% höhere Ausbeute bei jedoch annähernd doppelt so hohen Investitionskosten. Ihr Einsatz kann jedoch sinnvoll sein bei begrenzter Dachfläche oder insbesondere bei Niedrigenergiehäusern zur Heizungsunterstützung.

Auf Deutschlands Dächern wäre theoretisch ein Flächenpotenzial für insgesamt 800 km² Solarkollektoren verfügbar. Bezieht man weitere Installationsflächen (z. B. Südfassaden, Parkplätze, Straßenböschungen) mit ein, so stünde – unter Reservierung eines Teils der Dachflächen für Photovoltaikanlagen – eine potenzielle Fläche von 1300 km² zur Verfügung. Rein rechnerisch könnte bei Realisierung dieser Potenziale der Solarwärmeanteil am Gesamtwärmebedarf für Heizung und Warmwasser von derzeit 0,2 % auf rund 50 % angehoben werden. Realistischerweise dürfte das maximale Nutzungsniveau bei einer Wärmemenge von rund 290 TWh liegen, was rund 17 % des heutigen Wärmebedarfs entspricht.

Solaranlagen sollten auf unverschatteten Dachflächen, idealerweise in Ausrichtung zwischen Südost und Südwest sowie mit einer Neigung von ca. 45 %, angebracht werden. Unter wirtschaftlichen Gesichtspunkten ausgelegte Solaranlagen werden so dimensioniert, dass sie 60 % bis 65 % des jährlichen Warmwasserbedarfs und gegebenenfalls zusätzlich 20 bis 50 % des Heizungsbedarfs decken. Der realisierbare solare Deckungsanteil für den Raumwärmebedarf hängt in hohem Maße vom Wärmestandard des Gebäudes ab. Die Anlage arbeitet besonders effizient, wenn sie mit niedrigen Heizungs-Vorlauftemperaturen betrieben werden kann. Dies ist bei Fußboden- oder Wandheizungen der Fall.

Pro Person werden überschlägig 1 bis 1,5 m² (Flach-)Kollektorfläche bei Warmwasserbereitstellung und (abhängig vom Dämmstandard) pro 10 m² Wohnfläche zusätzlich 1 m² Kollektorfläche für die Heizunterstützung benötigt. Die solare Wärme wird in einen großen Warmwasserbehälter (ca. 80 l/Person) bzw. in einem Heizungspufferspeicher (ca. 70 l/m²$_{\text{Kollektorfläche}}$) eingespeichert, die bei Bedarf über eine konventionelle Gas-, Öl- oder Holzheizung nachgeheizt werden können (Abb. 5).

Eine Sonderanwendung ist die so genannte Thermosyphonanlage, bei welcher der Solarspeicher direkt oberhalb des Kollektors angebracht ist. Ein Vorteil dieser simplen und preisgünstigen Anlage ist, dass sie kurze Rohrleitungen aufweist und aufgrund der Schwerkraftzirkulation ohne Solarpumpe und somit ohne Hilfsstrom auskommt. Diese Variante findet insbesondere in südlichen Ländern (Griechenland, Israel, Spanien) sowie in Entwicklungsländern Verwendung.

Solarthermische Anlagen benötigen keinen Brennstoff und weisen daher im Vergleich zu Wärmepumpenanlagen, Erdgas-, Heizöl- oder Biomasse-Heizungen die geringsten Betriebskosten bei gleichzeitig dem geringsten Risiko zukünftiger Preissteigerungen auf. Die Preise für eine 5 m² große Flachkollektoranlage

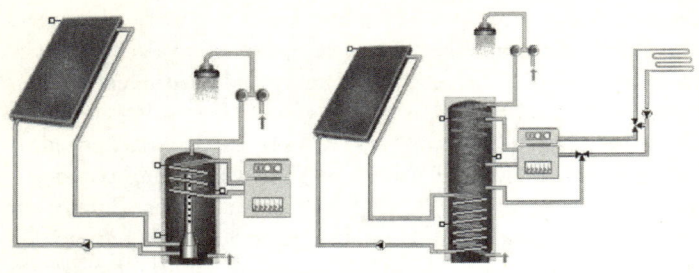

a) Warmwasser-System mit   b) Kombispeicher-System für
   Schichtenladevorrichtung   Warmwasser und Heizung

c) Thermosyphon-Anlage

Abb. 5: Verschiedene solare Heizungssysteme
(Quelle: a und b: Valentin EnergieSoftware GmbH 2002; c: Schüco 2002)

zur Einbindung in eine Dachheizzentrale (60 % Warmwasser-Versorgung für ca. 4 Personen) liegen für Neubauten bei ca. 4000 € (Röhrenkollektor ca. 7000 €) zuzüglich ca. 25 % Aufschlag für Montage. Für Solaranlagen gibt es auf nationaler, kommunaler oder Länder-Ebene verschiedene finanzielle Förderprogramme.

Zusammenfassend lässt sich sagen, dass Solaranlagen sowohl in Deutschland als auch auf internationaler Ebene sehr große Potenziale zur Einsparung fossiler Brennstoffe, zur Reduktion klimaschädlicher Treibhausgase und zur Stabilisierung der Wärmeerzeugungskosten aufweisen. Die Systeme zur Bereitstellung von Warmwasser und Raumwärme sind technisch weitgehend ausgereift und im Markt etabliert, während bei Anwendungen zur solaren Kühlung und Klimatisierung (hierzu werden Solarkollektoren z. B. gekoppelt mit Absorptionskälteprozessen) noch Entwicklungsbedarf besteht. Bei weiter steigenden fossilen Rohstoffpreisen und bei Realisierung der Kostensenkungspotenziale bietet sich aber auch hier die Chance, den weltweit wachsenden Kühlbedarf insbesondere südlicher Länder auf umweltverträgliche Art zu decken. Sowohl für die Beheizung als auch für die Klimatisierung von Gebäuden gilt allerdings, dass ein systemischer Ansatz gewählt werden sollte. Das bedeutet, dass Gebäude von vornherein so energieeffizient geplant und gebaut werden sollten, dass sowohl der Heiz- als auch der Kühlbedarf auf ein Minimum reduziert werden.

Für die großmaßstäbliche Einführung der solaren Wärmebereitstellung von erheblicher Bedeutung ist die weitere Entwicklung von großen Solaranlagen mit saisonalen Speichern, von denen in Deutschland bereits einige Demonstrationsprojekte realisiert wurden (Bsp. Neckarsulm: 15 000 m^2 Kollektorfläche, 150 000 m^3 Speicher für 1200 Wohnungen). Dafür ist der Aus- und Aufbau von Nahwärmesystemen erforderlich, welche den zusätzlichen Vorteil besitzen, dass sie ggf. alternativ oder ergänzend mit anderen erneuerbaren Energieträgern (z. B. Biomasse oder Erdwärme) versorgt werden können.

Solarthermische Kraftwerke In Abgrenzung zu Photovoltaikanlagen, die aus der Solarstrahlung unmittelbar elektrische Energie gewinnen, wird in solarthermischen Kraftwerken die Strahlung zunächst konzentriert und in Wärme umgewandelt, bevor mittels Dampf- oder Heißgasprozessen Strom erzeugt werden kann. Konzentrierende solarthermische Anlagen nutzen das direkte Licht der Sonne, die nicht verdeckt sein darf. Sie kommen deshalb vor allem an Standorten in heißen, trockenen Zonen südlich des 40. Breitengrads (Sonnengürtel der Erde) zum Einsatz. Lediglich die solarthermischen Aufwindkraftwerke können sowohl die direkte als auch die diffuse Strahlung nutzen, da sie das Licht nicht konzentrieren. Außer zur Stromerzeugung kann die mit konzentrierenden Anlagen erzeugte Wärme auch als industrielle Prozesswärme über eine Meerwasserentsalzungsanlage zur Trinkwassergewinnung oder über eine Absorptionskälteanlage zur solaren Kühlung genutzt werden.

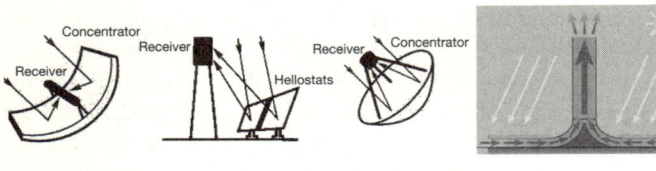

a) Parabol-   b) Turmkraft-   c) Dish-   d) Aufwindkraftwerk
   rinne   werk   Stirling

Abb. 6: Prinzipdarstellung für verschiedene solarthermische Kraftwerkstypen
(Quelle: Mitte: DLR 2006; unten: Solar Millennium 2006)

In Verbindung mit thermischen Speichern oder mit fossiler Zusatzfeuerung (z. B. als GuD-Hybrid-Kraftwerk) können solarthermische Kraftwerke auch mittel- und grundlastfähig im Tag- und Nachtbetrieb gefahren werden.

Durch die Vielzahl solarer Kraftwerks-Technologien (Parabolrinnen, Turm, Dish-Stirling, Aufwind) erschließen sich verschiedenste Größenklassen von 10 kW bis 200 MW und breite Anwendungsbereiche (u. a. Inselsysteme und Kraft-Wärme-(Kälte-)Kopplung). Neue Technologien (z. B. Fresnellinsen) sind in der Entwicklung und ebenfalls viel versprechend.

(a) Die etablierteste Technologievariante unter den konzentrierenden Systemen ist das Parabolrinnen-Kraftwerk («parabolic trough system»). Die Kollektoren bestehen aus langen parabolförmigen verspiegelten Rinnen, die einachsig der Sonne nachgeführt werden und in deren Brennlinie ein Rohr von einem Wärmeträgermedium (Wasser/Dampf oder synthetisches Öl) durchströmt wird. Das Wärmeträgermedium wird durch die konzentrierte Solarstrahlung auf rund 400 °C erhitzt und dann einem konventionellen Kraftwerksteil (Dampferzeuger, Turbine und Generator) zugeführt. Die ersten kommerziell betriebenen Anlagen wurden bereits zwischen 1984 und 1990 in der kalifornischen Mojave-Wüste in Betrieb genommen und liefern seitdem 354 MW elektrischen Strom. Im realen Kraftwerksbetrieb werden elektrische Netto-Anlagenwirkungsgrade von 21–24 % (Spitze) und 11–16 % (Jahresmittelwert) erreicht. Die derzeit typische Anlagengröße beträgt 50–80 MW. Nach längerer Pause erscheint jetzt, nicht zuletzt getrieben durch die steigenden Energieträgerpreise, eine neue Marktphase gekommen zu sein. Mitte 2007 ist im amerikanischen Bundesstaat Utah mit dem Kraftwerk «Nevada Solar One» die erste kommerzielle Anlage seit langem in Betrieb gegangen (elektrische Leistung 64 MW). Weitere Anlagen sind in der Planung. In Europa setzt vor allem Spanien mit vielfältigen Projekten und einer spezifischen Einspeisevergütung auf diese Technologie.

(b) Höhere Temperaturen bis über 1000 °C können in Solarturmkraftwerken (CRS – Central Receiver System) erzielt werden. Dabei werden Hunderte von zweiachsig der Sonne nachgeführten Spiegeln (sog. Heliostaten) in einem Solarfeld angeordnet und computergesteuert auf einen gemeinsamen Strahlungsempfänger (Receiver) ausgerichtet, der sich auf der Spitze eines 50 bis 150 m hohen Turms befindet. Im Receiver wird Luft, Dampf oder Salzschmelze erhitzt, die einem Kraftwerksteil aus Gas-/Dampfturbine oder einem chemischen Solarreformer (z. B. zur Erzeugung von Synthesegas) zugeführt wird. In Betrieb sind Anlagen bis 11 MW, größere Anlagen sind in Planung und Bau.

(c) Dish-Stirling-Systeme eignen sich insbesondere für dezentrale Anwendungen in der Leistungsklasse von 10 bis 50 kW_{el}. Mehrere Anlagen können etwa zur Dorfversorgung in Entwicklungsländern modular zu einem kleinen Kraftwerkspark zusammengeschaltet werden und ggf. z. B. mit Hilfe einer additiven Biogas-Feuerung rund um die Uhr betrieben werden. Im Gegensatz zu den Parabolrinnenkollektoren ist hier der Parabolspiegel zweidimensional gekrümmt, wird dementsprechend in zwei Achsen der Sonne nachgeführt und erreicht die höchsten Konzentrationsfaktoren von 1000–10 000-fach. Im Spiegelbrennpunkt ist eine Einheit aus Strahlungsempfänger, Stirlingmotor und Generator befestigt, welche die einfallende Strahlung zunächst in Wärme, dann in mechanische Energie und schließlich in Strom umwandelt. Dank hoher Arbeitstemperaturen und Stirling-Prozess werden Wirkungsgrade bis 30 % erreicht.

(d) Beim Aufwindkraftwerk werden die physikalischen Prinzipien des Gewächshauses und des Kamineffekts genutzt: Unter einem riesigen Glasdach von bis zu mehreren km Durchmesser wird die Luft von der Sonnenstrahlung erwärmt. Sie strömt daraufhin zu einer in der Mitte des Daches senkrecht stehenden Kaminröhre und steigt darin auf. Am Fuß des Kamins installierte Windturbinen entziehen der warmen Luftströmung die Energie und wandeln sie über Generatoren in Strom um. Das Aufwindkraftwerk nutzt neben der direkten auch die diffuse Strahlung, so dass auch bei bedecktem Himmel Strom erzeugt wird. Die in der Erde unter dem Glasdach gespeicherte Tageswärme erlaubt außerdem die Verlängerung des Kraftwerksbetriebs bis weit in die Nachtstunden hinein. Vom Aufwindkraftwerk wird erwartet, dass es sich aufgrund der wenigen beweglichen und nur durch einen recht gleichmäßigen Windstrom belasteten Anlagenteile als sehr robust und wenig störanfällig erweist. Im Gegensatz zum Wärmekraftwerk benötigt es kein Kühlwasser, so dass sich das Konzept besonders für sonnenreiche Länder mit Wassermangel eignet. Die technische Machbarkeit wurde in den 1980er Jahren in einem Pilotprojekt in Manzanares, Spanien, nachgewiesen. Einige Projekte befinden sich zurzeit in der Entwicklung, beispielsweise wird für Australien die Machbarkeit einer 200-MWel-Anlage mit einem 1000 m hohen Turm und einem (im Durchmesser) 7 km großen Kollektorfeld untersucht.

Gute Standortbedingungen liegen ab einer jährlichen solaren Direkteinstrahlung (DNI=Direct Normal Insolation) von ca. 2000 kWh/m² vor. Diese herrscht in weiten Teilen des Mittelmeerraums, in Afrika, im arabischen Raum, im südlichen Asien, in Australien, im Südwesten der USA, in Mittelamerika und Teilen Südamerikas, wo jeweils große Flächen zur Nutzung bereit stehen. Mit Hilfe einer von nationalen und internationalen Ministerien und Organisationen getragenen «Global Market Initiative for Concentrating Solar Power» (GMI) soll die Erschließung der weltweit gewaltigen Potenziale solarthermischer Kraftwerke vorangetrieben werden. Die IEA schätzt für 2020 eine realisierbare installierte Leistung von 20 000–40 000 MWel. Theoretisch würde alleine Marokko genügend Standorte zur Deckung des Weltstrombedarfs bieten.

Die Stromgestehungskosten von solarthermischen Anlagen liegen je nach Standort und Technologie bei etwa 9–16 ct/kWh (vgl. Kosten für photovoltaischen Strom: 20–60 ct/kWh). Es wird erwartet, dass die Kosten mittelfristig um 50% und mehr gesenkt werden können. Mit Hilfe von thermischen Speichern oder Gaszufeuerung (Hybridkraftwerke) kann die jährliche Betriebsstundenzahl und somit die Wirtschaftlichkeit der Anlage verbessert werden.

Hohe Synergieeffekte können sich durch die Verknüpfung der Stromerzeugung mit anderen Produktauskopplungen (Meerwasserentsalzung, Klimatisierung, Wärmenutzung) ergeben. Im Erfolgsfall könnten sich mit diesem modularen System ebenso wie mit den für die dörfliche Stromversorgung prädestinierten und bereits demonstrierten Dish-Stirling-Systemen Exportmärkte für Inselsysteme eröffnen. In einem großen Hotel in der Türkei wurde 2005 eine auf Parabolrinnentechnik basierende solare Klimatisierungsanlage in Betrieb genommen. Die Anlage kühlt das Hotel, heizt das Schwimmbad, und der Dampf wird zum Trocknen der Hotelwäsche genutzt.

Solarthermische Kraftwerke stellen eine vergleichsweise effektive und kostengünstige Stromerzeugungsoption aus Solarenergie dar, die in sonnenreichen Regionen (hoher Direktstrahlungsanteil) weltweit über ein hohes Potenzial verfügt. Auch wenn die maßgeblich in Europa (insbesondere Deutschland und Spanien) entwickelte Technik nur in südeuropäischen Ländern (insbesondere Südspanien, Süditalien, Griechenland) zum Einsatz kommen kann, ist sie hier außerordentlich wichtig als Exporttechnologie. Ferner kann der Import von solarthermischem Strom aus nordafrikanischen Ländern (Algerien, Marokko, Ägypten) über Höchstspannungsgleichstromübertragungen (HGÜ) eine wichtige zukünftige Ergänzung innerhalb eines nachhaltigen Energieversorgungssystems der europäischen Union darstellen.

Windenergie – die dynamisch wachsende Energiequelle

Mit Hilfe einer Windkraftanlage (auch häufig Windenergieanlage genannt, WEA) kann die Strömungsenergie des Windes in mechanische bzw. elektrische Energie umgewandelt werden. Zentrales Bauelement ist der Rotor (Windrad/Windturbine), der von der zuströmenden Luft in Drehung versetzt wird. Es werden zwei Wirkprinzipien unterschieden: Bei den bereits bei den ersten Windmühlen verwendeten einfachen Widerstandsläufer wird eine geometrische Fläche dem Wind entgegengehalten. Mit diesem Prinzip können maximal 12 % der Strömungsenergie gewonnen werden. Der effizientere Auftriebsläufer hingegen nutzt die aerodynamischen Auftriebskräfte einer Flügelform zur Erzeugung einer Drehbewegung und erzielt damit einen wesentlich höheren (theoretischen) Maximalwirkungsgrad von 59 %.

Der Rotor ist über eine Welle und in der Regel über ein Getriebe mit einem Generator verbunden, der entweder direkt oder

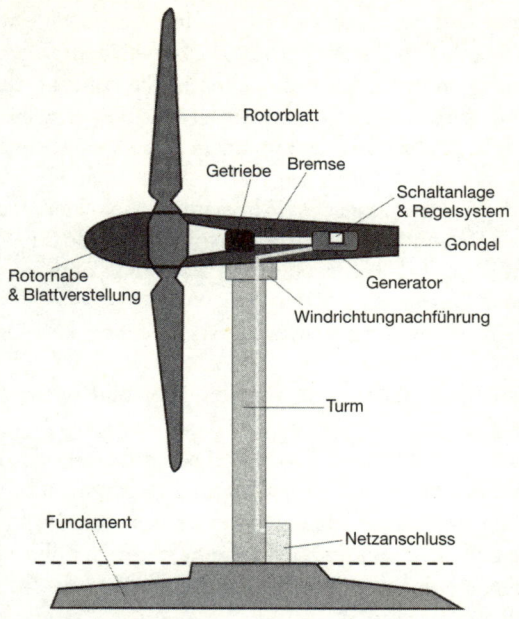

Abb. 7: Prinzipbild einer Windenergieanlage (Horizontalläufer)
(Quelle: RobbyBer, German Wikipedia 2005)

über eine Leistungselektronik Strom in das Netz einspeist. Die Leistung einer WEA steigt mit der dritten Potenz der Windgeschwindigkeit, die wiederum mit der Höhe über dem Boden zunimmt und allgemein von der Beschaffenheit des Geländes abhängt.

Heutzutage werden überwiegend Anlagen mit schnell laufenden Rotoren und waagerecht angeordneter Rotorwelle (Horizontalmaschinen) sowie meist drei senkrecht dazu stehenden Rotorblättern (in der Regel aus Faserverbundwerkstoff) eingesetzt.

Weitere, weniger verbreitete Bauarten sind Horizontalmaschinen mit langsam laufenden vielblättrigen Rotoren (Westernturbinen) sowie Vertikalmaschinen, deren Rotorwelle senkrecht zum Wind und zum Erdboden steht (Beispiele: Darrieus- oder H-Rotor mit senkrechten Rotorblättern, Savonius-Rotor mit schaufelförmigen Blättern). Trotz prinzipbedingter Vorteile wie der Unabhängigkeit von der Windrichtung haben sich Vertikalmaschinen insbesondere wegen schlechterer Wirkungsgrade nicht durchsetzen können. Sie werden jedoch für Sonderanwendungen (z. B. kleinere Anlagen in Extremlagen, etwa im Hochgebirge) eingesetzt.

Bei WEA wird nach Leistungsklassen unterschieden nach
- Kleinst-WEA im Leistungsbereich einiger Kilowatt (kW),
- kleine WEA mit Rotordurchmessern bis 16 m und bis 50 kW elektrische Leistung,
- mittlere WEA bis 45 m Durchmesser und 500 kW Leistung und
- große WEA bis über 100 m Durchmesser und mit mehreren MW Leistung.

Die drehbare Rotorgondel wird von einem Stahl- oder Betonturm oder alternativ von einer Stahl-Gittermastkonstruktion getragen. Die höchste in Deutschland aufgestellte Anlage steht zur Zeit in Laasow/Brandenburg auf einem 160 m hohen Gitterturm. Die Nabenhöhe beträgt in der Regel das Ein- bis Zweifache des Rotordurchmessers.

Kleinere WEA werden meist durch eine Windfahne von selbst in den Wind gedreht, während größere Anlagen die Gondel mit geregelten Elektromotoren aktiv der Windrichtung nachführen. Bei der Leistungsregulierung von WEA werden zwei Prinzipien unterschieden: Bei der einfachen Stall-Regelung erfolgt die Drehzahlbegrenzung bei Erreichen von Nenndrehzahl und Nennleistung automatisch durch konstruktionsbedingten Strömungsabriss (sog. Stall-Effekt) an den Blättern. Bei größeren Anlagen wird jedoch meist eine Pitch-Regelung eingesetzt, bei der die Blattflügel elektromotorisch um ihre eigene Achse gedreht («gepitcht») werden können. Auf diese Weise kann abhängig von der Windgeschwindigkeit immer der aerodynamisch günstigste Blattanstellwinkel eingehalten werden, so dass konstruktive Lasten reduziert werden und insbesondere im Teillastbereich bessere Stromerträge eingefahren werden können.

Die Anlaufwindgeschwindigkeit einer WEA beträgt ca. 3–4 m/s. Bei Nennwindgeschwindigkeit (ca. 12–16 m/s) gibt sie ihre maximale Leistung (Nennleistung) ab, die in etwa konstant gehalten wird bis zum Erreichen der Abschaltwindgeschwindigkeit (etwa ab 25 m/s, d. h. Windstärke 10). Dann muss aus Schutz vor mechanischer Überlastung der Rotor gebremst oder stillgesetzt und ggf. die Blätter aus dem Wind gedreht werden.

Bereits Mitte der 80er Jahre wurde in Deutschland mit «Growian» eine für damalige Verhältnisse mit 3 MW Leistung außergewöhnlich große Experimentalanlage in Betrieb genommen. Wegen Dauerfestigkeitsproblemen wurde sie jedoch wenige Jahre später wieder abgebaut. Letztendlich gelang der Durchbruch bei der Windenergienutzung erst mit einer evolutionären, stufenweisen Entwicklung und Vergrößerung der Anlagentechnik, ausgehend von Leistungsgrößen zwischen 50–100 kW. Abbildung 8 verdeutlicht den technischen Fortschritt, der bei neuen WEA in punkto Leistung, Größe und insbesondere Ertrag erzielt werden konnte: Im Zeitraum von 1985 bis 2005 konnte die Leistung von WEA um das 60-Fache und ihr Ertrag sogar um das 180-Fache gesteigert werden.

Heute sind Anlagen mit bis zu 6 MW Generatorleistung in der Erprobung. Eine solche Anlage erzeugt an einem windhöffigen

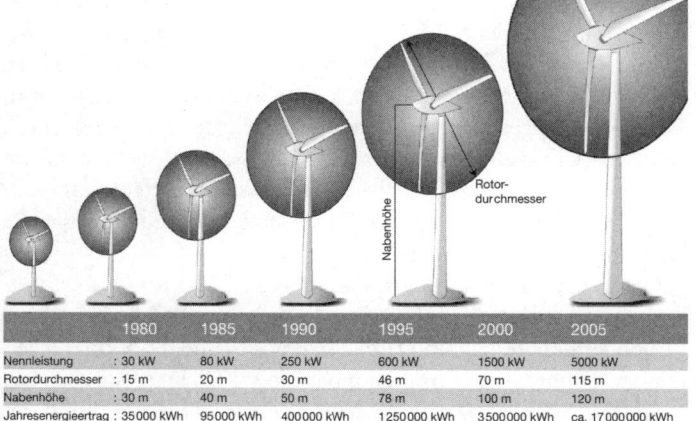

	1980	1985	1990	1995	2000	2005
Nennleistung	: 30 kW	80 kW	250 kW	600 kW	1500 kW	5000 kW
Rotordurchmesser	: 15 m	20 m	30 m	46 m	70 m	115 m
Nabenhöhe	: 30 m	40 m	50 m	78 m	100 m	120 m
Jahresenergieertrag	: 35000 kWh	95000 kWh	400000 kWh	1250000 kWh	3500000 kWh	ca. 17000000 kWh

Abb. 8: Technische Entwicklung bei Windkraftanlagen zwischen 1980 und 2005 (Quelle: BWE, www.wind-energie.de)

Küstenstandort eine jährliche Strommenge von über 17 GWh (Mio. kWh), was dem Bedarf von rund 5000 Drei-Personen-Haushalten entspricht. Häufig werden mehrere WEA zu Windparks zusammengefasst. Der derzeit größte Windpark in Deutschland liegt im ostfriesischen Wybelsumer Polder und kommt mit seinen 56 WEA auf eine Gesamtleistung von 96,5 MW.

Insgesamt waren Mitte 2006 deutschlandweit 18 054 WEA mit einer installierten Leistung von 19 299 Megawatt am Netz. In einem Windnormaljahr könnte mit dieser installierten Leistung ein potenzieller Jahresenergieertrag von 35,4 TWh (Mrd. kWh) erzeugt werden. Diese Strommenge entspricht einem Anteil von 6,8 % am Nettostromverbrauch in Deutschland. Die durchschnittliche Leistung einer im ersten Halbjahr 2006 neu installierten WEA betrug 1 784 kW. Seit 2005 hat die Windenergie die Wasserkraft als wichtigste erneuerbare Stromquelle in Deutschland abgelöst.

Deutschland ist damit nicht nur europaweit, sondern auch weltweit die Nation mit der höchsten installierten Leistung, gefolgt von Spanien, der USA und Dänemark.

Das rasante Wachstum der Windenergie in Deutschland ist insbesondere auf die Einführung des Stromeinspeisungsgesetzes (1991) zurückzuführen, das dann durch ein zusätzliches Förderprogramm (250 MW-Windenergieprogramm) ergänzt wurde. Mit dem Gesetz wurde den meist privaten Windenergiebetreibern eine feste Vergütung für ihren in das Stromnetz eingespeisten Windstrom zugesichert. Im April 2000 wurde das Gesetz durch das Erneuerbare-Energien-Gesetz (EEG, mit Novellierung im August 2004) abgelöst, das in Form eines degressiv gestaffelten Umlagemodells noch einmal verbesserte Bedingungen für die Netzeinspeisung garantiert.

Unter Berücksichtigung der Belange des Natur- und Landschaftsschutzes wird das an Land («onshore») ausschöpfbare Windenergiepotenzial in Deutschland auf rund 25 000 MW geschätzt. Damit allein könnten mehr als 55 TWh Strom CO_2-frei produziert werden. Dieses Nutzungspotenzial könnte durch auf dem Meer installierte WEA (Offshore-Anlagen) mit zusätzlichen 30 000 MW noch um weitere etwa 110 TWh ergänzt werden.

Bezogen auf die Nettostromerzeugung 2005 in Deutschland von 581 TWh entspräche die Summe der On- und Offshore-Potenziale einem Anteil von rund 28 %. Es wird erwartet, dass der höhere Installations- und Wartungsaufwand für Offshore-Anlagen auf Dauer durch deutlich höhere mittlere Windgeschwindigkeiten und damit auch durch höhere Erträge kompensiert werden kann.

Derzeit ist in Deutschland erst eine küstennahe «Nearshore-Anlage» in Betrieb, acht weitere Offshore-Projekte mit insgesamt 2000 MW sind bereits genehmigt. Darüber hinaus sind mehrere 10 000 MW im Planungsstadium. Ob es zu einem solchen massiven Ausbau der Offshore-Windenergie kommen wird, hängt neben Genehmigungsfragen in entscheidendem Maße vom Anschluss an das Stromnetz ab, der nicht nur logistisch, sondern auch von den notwendigen finanziellen Vorleistungen her eine erhebliche Herausforderung darstellt. Mit der Entscheidung der Bundesregierung im Herbst 2006, die Verantwortung zum Netzanschluss auf die Stromversorger zu übertragen, dürfte ein weiterer wichtiger Schritt für die Offshore-Windenergie gemacht worden sein.

An günstigen Standorten mit ständig in ausreichender Stärke wehendem Wind, besonders in Küstenregionen, arbeiten WEA heute schon wirtschaftlich. Aufgrund der starken Zunahme der in den letzten Jahren installierten Anlagen hat die Windenergie allerdings immer mehr mit Akzeptanzproblemen zu kämpfen. Dies gilt v. a. für den Landschaftsschutz, im Sinne der Beeinträchtigung des (gewohnten) Landschaftsbilds. Mit der Ausweisung von Tabuzonen für die Errichtung von WEA und speziellen Vorranggebieten auf kommunaler Ebene konnte dieser Streit Ende der 90er Jahre zwar entschärft, aber nicht dauerhaft gelöst werden. Mit dem zunehmenden Ausbau der Windenergie nimmt der Widerstand in einzelnen Regionen weiter zu. Große Zuwachsraten werden daher vor allem durch die Erschließung von Offshore-Standorten sowie dem Repowering erwartet, bei dem Altanlagen durch um ein Vielfaches leistungs- und ertragsstärkere Neuanlagen ersetzt werden.

Abgesehen von landschaftlichen Gesichtspunkten («Verspargelung», Flächenbedarf) sowie lokal sehr begrenzten Einwirkungen durch Geräuschentwicklung und Schattenwurf (die sich zudem zumeist auf ältere Anlagen beziehen und durch entsprechende Planung weitgehend vermieden werden können) erweisen sich WEA als äußerst umweltverträgliche Energielieferanten. Die energetische Amortisationszeit, in der eine WEA die zu ihrer Produktion und Errichtung benötigte Energie wieder selbst erzeugt hat, beträgt je nach Standort nur etwa vier bis sieben Monate.

Erdwärme – zwischen Tradition und Newcomer

Unter geothermischer Energie, auch als Erdwärme bezeichnet, versteht man die in Form von Wärme gespeicherte Energie unterhalb der Erdoberfläche. Der Ursprung der im Erdinneren gespeicherten immensen Wärmemengen liegt größtenteils in der Zerfallsenergie natürlich radioaktiver Isotope. So sind nach heutigen Kenntnissen im Erdkern Temperaturen von über 6000 °C, im oberen Erdmantel noch von ca. 1300 °C anzunehmen. Der geothermische Wärmefluss durch die Erdoberfläche beträgt über 40 TW.

Dieser Wärmefluss kann auf unterschiedliche Arten angezapft und nutzbar gemacht werden: durch die oberflächennahe Geothermie zur Wärmeversorgung und durch die Tiefengeothermie zur Wärme- und Stromgewinnung.

Oberflächennahe Geothermie   Von der oberflächennahen Geothermie spricht man bis zu einer Tiefe von etwa 200 m. In diesen geringen Tiefen reicht die Erdwärme nicht zur direkten Nutzung aus, sie wird vielmehr mit Hilfe einer Wärmepumpe auf ein für die Raumwärme nutzbares Temperaturniveau gebracht. Die Nutzbarkeit ist dabei nahezu flächendeckend gegeben, auch wenn die Ergiebigkeit sehr unterschiedlich ausfällt.

Die gesamtdeutschen Potenziale der oberflächennahen Geothermie sind außerordentlich hoch. Selbst in sehr dicht besiedelten Gebieten wie Nordrhein-Westfalen ließen sich damit noch hohe Deckungsanteile erreichen. Bei einem Gesamtpotenzial von knapp 3500 TWh Wärmeenergie und einem davon mittelfristig technisch nutzbaren Anteil von rund 25 TWh ließe sich durch eine oberflächennahe Nutzung der Geothermie rund ein Fünftel des Raumwärmebedarfs der Haushalte in Nordrhein-Westfalen bzw. fast ein Siebtel des gesamten endenergieseitigen Raumwärmebedarfs decken.

Tiefengeothermie zur Wärmenutzung Bei der Tiefengeothermie zur Wärmenutzung werden hauptsächlich Heißwasseraquifere angezapft, die durchaus schon in relativ oberflächennahen Schichten vorkommen können. In Deutschland kommen diese Reservoire im Norddeutschen Becken, im Oberrheingraben und im Süddeutschen Molassebecken vor.

Das Gesamtpotenzial für Deutschland ist sehr groß und beträgt etwa 11 160 TWh, wovon rund 550 TWh technisch nutzbar sein dürften. Dies entspricht etwa dem Doppelten der Nachfrage nach Niedertemperaturwärme von Haushalten, Kleinverbrauchern und Industrie.

Tiefengeothermie zur Stromerzeugung Zur geothermischen Stromerzeugung ist mindestens ein Temperaturniveau von 100 °C notwendig, welches man typischerweise, abgesehen von einigen geologischen Anomalien (insbesondere im Oberrheingraben) ab 3000 m Tiefe vorfindet. 7000 m stellt derzeit die Grenze der wirtschaftlich möglichen «Bohrbarkeit» dar. In diesen Tiefen kann ein Wärmetauscher erstellt werden, der die Wärme aus dem Erdinneren aufnimmt. Mit der hierdurch gewonnenen Wärme lässt sich in einem Kreisprozess Strom erzeugen. Dabei kommt aufgrund des geringeren Temperaturniveaus in der Regel der so genannte Organic Rankine Cycle (ORC-Prozess) zum Einsatz. Das Grundprinzip ist vergleichbar dem von der Nutzung fossiler Energieträger bekannten Dampfkraftwerksprozess, jedoch wird beim ORC-Prozess ein anderes, bei geringeren Temperaturen verdampfendes Kreislaufmedium genutzt. Auf diese Weise kann mit Hilfe der Erdwärme Strom (und als Koppelprodukt auch Wärme) erzeugt werden. Prinzipiell ist dies überall möglich, die hohen Bohrkosten ermöglichen jedoch bisher – trotz Unterstützung durch das EEG und forschungsseitige Fördermittel – nur an wenigen Standorten einen wirtschaftlichen Betrieb dieser Anlagen. Großer

Vorteil der Stromerzeugung aus Erdwärme ist, dass aufgrund des kontinuierlichen Anfalls der Wärme ein Beitrag zur Grundlast-stromerzeugung geleistet werden kann. Interessante neue Kombinationen sind Hybridkraftwerke auf der Basis von Biomasse und Geothermie. Die Abwärme der Biomasseanlage, die aufgrund der meist verbraucherfernen Lage der Kraftwerke nicht oder nicht vollständig zur Nahwärmeversorgung genutzt werden kann, wird dabei in den Stromerzeugungsprozess des Geothermieteils ein-gespeist, wodurch die elektrische Ausbeute aus der eingesetzten Biomasse erhöht werden kann.

Im Gegensatz zu Deutschland, wo Nutzungsstand und Potenziale noch weit auseinander klaffen, ist die geothermische Stromerzeugung in anderen Ländern aufgrund der besseren geo-logischen Voraussetzungen seit langem etabliert und wichtiger Bestandteil der Energie- bzw. Stromversorgung. Dies gilt vor allem für die USA, Island, Italien aber auch Indonesien. Die welt-weit installierte elektrische Leistung beträgt rund 20000 MW, davon allerdings nur etwa 1,13 GW in Europa.

Das Gesamterzeugungspotenzial für Deutschland kann bei reiner Stromerzeugung mit 290 TWh abgeschätzt werden, bei wärmegeführter Betriebsweise in Anlagen der Kraft-Wärme-Kopplung (KWK) können noch 66 TWh an Elektrizität gewonnen werden.

In Deutschland wird die Geothermie zur Stromerzeugung bis-her nur in einer Anlage in Neustadt Glewe genutzt. Zahlreiche andere Anlagen sind jedoch in der Planung. Wegen des hohen Aufwands für Planung, Genehmigung und Ausführung der Boh-rungen erfordern derartige Anlagen lange Vorlaufzeiten. Größere Anlagen zur reinen Wärmebereitstellung bestehen in Deutschland beispielsweise im bayerischen Erding und in Simbach am Inn mit 9 MW respektive 7 MW geothermischer Leistung. Insgesamt be-schränkt sich die Nutzung der Geothermie bisher auf Kleinanla-gen. Im Vergleich dazu haben Anlagen in anderen Ländern bereits großtechnischen Standard erreicht. Das weltweit größte System ist derzeit in Reykjavik auf Island im Einsatz und versorgt auf der Basis eines Nahwärmesystems eine Region mit einem Einzugsbe-reich von 180000 Einwohnern mit Wärme.

Biomasse – die vielfältigste Energiequelle

Biomasse gehört zu den vielfältigsten Nutzungsoptionen erneuerbarer Energien. Biomasse als Energieträger fällt in unterschiedlichen Formen an: (1) Holzartige Biomasse, (2) Rückstände aus Land- und Forstwirtschaft, Industrie und Kommunen sowie (3) Energiepflanzen aus dem gezielten Anbau. Eine Vielzahl von Umwandlungs- und Nutzungsprozessen steht heute schon zur Verfügung, um aus der Rohbiomasse feste, flüssige oder gasförmige Energieträger zu erzeugen. Biomasse ist somit eine erneuerbare Energie, die in den drei Sektoren der Strom-, Wärme- oder Kraftstoffbereitstellung gleichermaßen eingesetzt werden kann (Abb. 9).

Feste Biomasse, wie Holz oder Stroh, kann direkt in (Heiz-) Kraftwerken genutzt werden, und zwar entweder in eigens dafür bestimmten Anlagen oder in Form der Zufeuerung zu fossilen

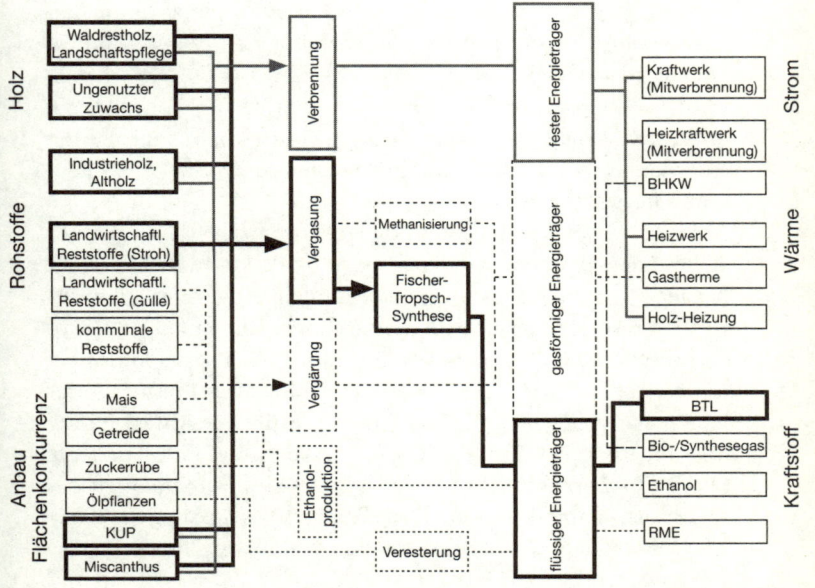

Abb. 9: Exemplarische Darstellung verschiedener Biomasse-Nutzungspfade

Brennstoffen wie etwa Kohle in Großkraftwerken. Letztere Option wird derzeit in Deutschland kaum angewandt, da hierfür bisher keine Förderung gewährt wird. In anderen Ländern (z. B. Dänemark, Niederlanden) ist dies aber gängige Praxis.

Für die Bereitstellung von Wärme im häuslichen Bereich werden heute Scheitholze, Hackschnitzel oder Pellets eingesetzt. Zu unterscheiden ist bei der dezentralen Holznutzung insofern zwischen einfachen handbeschickten Kaminen und Zentralheizungen auf der Basis von Holzpellets. Während Erstere mit der negativen Begleiterscheinung der Feinstaubemissionen verbunden sind, können Letztere uneingeschränkt empfohlen werden. Insbesondere die Pelletheizung hat in Deutschland in den vergangenen Jahren einen deutlichen Boom erlebt. Die Zahl der Feuerstätten ist Erhebungen zufolge 2004 und 2005 jeweils um rund 500000 angestiegen. Schätzungen für die installierte Anzahl kleiner Verbrennungsanlagen insgesamt (nicht nur Pelletkessel) liegen bei rund 9,6 Mio.

Auch über den Weg der Kraft-Wärme-Kopplung kann Biomasse zur Strom- und Wärmebereitstellung eingesetzt werden. Hier wird zumeist Biogas in Blockheizkraftwerken bei gleichzeitiger Nutzung der entstehenden Abwärme verstromt. Durch innovative Konzepte wie den Stirling-Motor können infolge des externen Verbrennungsraums auch feste Brennstoffe wie Scheitholz eingesetzt werden.

An dezentralen Standorten, die aus logistischen Gründen für die Biomassenutzung vorrangig sind (z. B. landwirtschaftliche Betriebe), ist allerdings oft keine Möglichkeit gegeben, die entstehende Abwärme sinnvoll zu nutzen. Aus diesem Grund wird derzeit auch die Option der Einspeisung von Biogas in das bestehende Erdgasnetz geplant. Auf diesem Weg können unter Nutzung der flächendeckenden Infrastruktur neue Absatzmärkte für biogenes Gas dort erschlossen werden, wo eine effiziente Energieausnutzung möglich ist. Besteht diese Möglichkeit des Transports, kann Biogas auch zur Wärmebereitstellung im Hauswärmebereich in Gasheizungen und als Kraftstoff an den Tankstellen angeboten werden

Im Transportbereich spielen bislang weltweit drei Arten von

Biokraftstoffen eine wesentliche Rolle. Zur so genannten «ersten Generation» von Biokraftstoffen gehören Bioethanol, die Gruppe der Fettsäuremethylester («fatty acid methyl ester», FAME), zu denen auch Biodiesel zu zählen ist, sowie schließlich reines Pflanzenöl. Alle drei können nach heutigem Stand der Technik problemlos hergestellt werden und sind kommerziell verfügbar. Innerhalb der letzten Jahre hat die Nachfrage nach Biokraftstoffen stark zugenommen. Im Jahr 2006 wurde etwa 3,6 % des gesamten Kraftstoffbedarfs in Deutschland durch Biokraftstoffe, vornehmlich Biodiesel, gedeckt. Politische Vorgabe der Europäischen Union ist, diesen Anteil bis zum Jahr 2010 auf 6 %, bis 2015 auf 8 % und bis 2020 auf 10 % zu erhöhen. Im Jahr 2007 wurde in Deutschland die bisherige Steuerbefreiung für Biokraftstoffe in eine Beimischungspflicht an der Tankstelle umgewandelt (Biokraftstoffquotengesetz).

Der Großteil der weltweiten Biokraftstoffproduktion entfällt auf Ethanol, das vor allem in Brasilien und den USA aus Zuckerrohr und Getreide hergestellt wird. In Europa werden zumeist Kartoffeln, Weizen oder Zuckerrüben verwendet; die Hauptakteure sind Spanien, Schweden, Deutschland und Frankreich. Biodiesel ist hauptsächlich am europäischen Markt vertreten, wobei Deutschland eine Vorreiterrolle in der Produktion und Vermarktung innehat. Ausgangspunkt der Biodieselproduktion ist Raps, der anschließend verestert wird (Rapsmethylester, RME).

Reines unbehandeltes Pflanzenöl («pure plant oil», PPO) wird bisher nur begrenzt überregional gehandelt und eher auf lokaler Ebene in Nischenmärkten eingesetzt. Da die Produktion einfach darzustellen ist, ist PPO als eine gute Option auch für ländliche Räume und Entwicklungsländer anzusehen und kann in vereinfachter Form (z. B. kalt gepresstes Rapsöl) auch direkt beim Erzeuger Verwendung finden.

Biomasse wird gemeinhin als klimaneutral bezeichnet. Dies ist in Bezug auf das Klimagas CO_2 auch in weiten Teilen richtig, wird doch das bei der Verbrennung von Biomasse freigesetzte CO_2 während des Entstehungsprozesses der Biomasse in gleicher Menge aus der Atmosphäre gebunden. Bei näherer Betrachtung stellt sich die Situation aber nicht so einfach dar. Die ökologische Bilanz der Biokraftstoffe hängt sehr stark von der Verwendbarkeit der Nebenprodukte (z. B. Glycerin bei der Biodieselproduktion), den Ausgangsprodukten selber (z. B. Reststoffe oder Energiepflanzen), von den Bereitstellungsmethoden (z. B. Düngemitteleinsatz bei der Herstellung) und nicht zuletzt von der Betrachtungsebene ab. Wie die Abbildung 10 zeigt, sind die Biokraftstoffe über die gesamte Prozesskette betrachtet nicht klimaneutral, insbesondere dann nicht, wenn neben CO_2 auch die anderen Treibhausgase (in erster Linie CH_4 und das auf den Einsatz stickstoffhaltiger Düngemittel zurückzuführende Lachgas, N_2O) in die Bilanz einbezogen werden. Normale Produktionsmethoden vorausgesetzt, ermöglichen sie aber in jedem Fall eine signifikante Minderung der Treibhausgasemissionen gegenüber den konventionellen Alternativen Benzin und Diesel. Unter den Biokraftstoffen wiederum schneiden die Biokraftstoffe der zweiten Generation deutlich besser ab. Auf den ersten Blick gilt dies auch für den klassischen Biodiesel (REM). Er profitiert zur Zeit noch davon, dass er durch die Verwendung des Nebenprodukts Glycerin einen Bonus zugewiesen bekommt. Je nach Absatzmengen

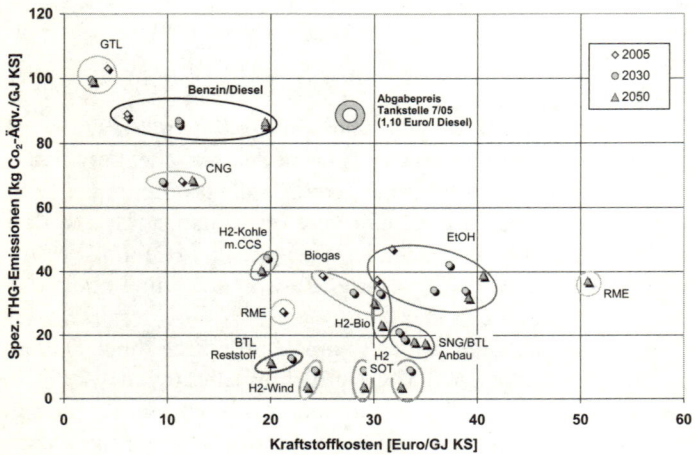

Abb. 10: Treibhausgasminderungswirkung alternativer Kraftstoffe

ist dies jedoch dauerhaft nicht zu erwarten, so dass sich die Einordnung speziell von Biodiesel im Zeitverlauf deutlich verändern kann. Darüber hinaus ist zu beachten, dass zwar pro Energieeinheit Biodiesel ein vergleichsweise hoher Klimaschutzbeitrag erreicht werden kann, dass auf der anderen Seite aber die notwendige Fläche zur Bereitstellung dieser Energieeinheit deutlich größer ist als bei anderen Biokraftstoffoptionen. Die hohe Flächenintensität spricht daher eher gegen den Biodieseleinsatz. Dieser einfache Vergleich zeigt bereits deutlich die komplexe Bewertungslage bei den Biokraftstoffoptionen.

Die innovativen Biokraftstoffe der zweiten Generation wurden in verschiedenen Demonstrationsanwendungen getestet, sind bisher jedoch noch nicht kommerziell verfügbar. In diesem Kontext sind vor allem die Produktion von Ethanol aus Ligno-Cellulose, also Holz oder Stroh, und die Fischer-Tropsch-Synthese (im Anschluss an eine Vergasungsanlage) von festen Biomassen zu flüssigem Kraftstoff zu nennen («Biomass-to-Liquid», BTL). Beide Prozesse haben ihre technische Machbarkeit in Demonstrations- und Pilotanlagen bereits bewiesen, werden am Markt aber nicht vor 2010 oder 2015 erwartet. Der entscheidende Vorteil besteht darin, dass einerseits die ganze Pflanze energetisch genutzt werden kann, andererseits über den synthetischen Weg ganz spezifische, hochkompatible Kraftstoffe hergestellt werden können, die sich entsprechend effizient einsetzen lassen.

Zu den alternativen Kraftstoffen ist aber auch das Bio-Methan zu zählen. Es können sowohl Biogas als auch Synthesegas aus der Vergasung fester Biomasse («synthetic natural gas», SNG) genutzt werden. Zu den bislang meistgenutzten Substraten der fermentativen Biogaserzeugung zählen landwirtschaftliche und kommunale Reststoffe wie etwa Gülle oder Abfälle aus der Biotonne, die zusammen rund zwei Drittel des Gesamtpotenzials ausmachen. Die Potenziale dieser Reststoffe als Ausgangsmaterial für die Biogaserzeugung sind jedoch begrenzt.

Durch den gezielten Anbau von Energiepflanzen (z. B. Mais) zur Vergärung oder auch anderweitiger Nutzungsformen (Nachwachsende Rohstoffe: Nawaro) kann das Potenzial an Biomasse deutlich gesteigert werden. Der limitierende Faktor ist hier die verfügbare Anbaufläche. Die Fläche zum Anbau von Energie-pflanzen beträgt in Deutschland heute (Stand 2006) etwa 1,6 Mio. ha. Legt man strenge Kriterien an, wie dies beispiels-weise die Europäische Umweltagentur tut, dürfte eher nur von einer Fläche in der Größenordnung von rd. 1,0 Mio. ha auszu-gehen sein. Durch den Bevölkerungsrückgang in Deutschland sowie durch zu erwartende Ertragssteigerungen in der Landwirt-schaft dürfte zukünftig allerdings weniger Fläche zur Produk-tion von Nahrungsmitteln erforderlich sein und dementsprechend die verfügbare Anbaufläche zur alternativen Nutzung, etwa für Nawaros, daher tendenziell eher zunehmen. Mittelfristig halten die Experten entsprechend größere Flächen für nutzbar (rd. 2 Mio. ha 2020 bzw. 3 Mio. ha 2030), auf der Bioenergie nach-haltig produziert werden kann. Letztlich bleibt aber auch dann die Fläche die restriktive Größe für die Biomassepotenziale. Dies gilt erst recht, wenn höhere Anteile ökologischen Landbaus an-gestrebt werden als heute.

Zusätzlich ist zu beachten, dass neben der Produktion von Nahrungsmitteln auch die stoffliche Verwertung von Biomasse, z. B. für Dämmmaterial, Schmierstoffe etc., zunimmt sowie die Konkurrenz unter den diversen energetischen Nutzungsrouten zu berücksichtigen ist. Aus Effizienzgesichtspunkten kommt gerade der stofflichen Nutzung eine besondere Bedeutung zu, wenngleich diese trotz der vielfältigen Anwendungsmöglich-keiten bisher kaum in der öffentlichen Diskussion präsent sind.

Aufgrund der Vielzahl unterschiedlicher Nutzungsformen der Biomasse einerseits und ihrer Begrenztheit andererseits sollte die Allokation auf die Nutzungsrouten so weit wie möglich klaren Effizienzkriterien folgen, damit eine möglichst hohe Substitutions-wirkung (gegenüber konventionellen Energieträgern) erzielt wer-den kann. Dabei sind die heute vorherrschenden Nutzungsop-tionen nicht unbedingt die effektivsten. Dies gilt insbesondere für die in den letzten Jahren stark gestiegene Nachfrage nach Biodie-sel. Ein weiteres ungehindertes bzw. ungesteuertes Wachstum er-scheint im Hinblick auf die heimischen Flächen nicht möglich.

Geht man von der Flächennutzungseffizienz aus oder betrach-tet den mit dem Einsatz der Biomasse erreichbaren CO_2-Minderungseffekt, gehen die meisten Experten davon aus, dass die biogenen Reststoffe (auch aus Land- und Forstwirtschaft) zunächst primär zur Strom- und Wärmebereitstellung genutzt werden sollten. Dies gilt unter Klimaschutzaspekten streng genommen auch für die Verwendung von Energiepflanzen. Aus Gründen der Versorgungssicherheit und Diversifizierung der Angebotsstruktur kann es trotzdem angezeigt sein, von diesem Prinzip abzuweichen.

Die Nutzungseffizienz biogener Energieträger lässt sich deutlich erhöhen und die Nutzungskonkurrenz reduzieren, wenn man eine Kaskadennutzung anstrebt. Die Idee besteht in der zunächst stofflichen Verwendung der Biomasse und der dann – zeitversetzten – energetischen Verwertung. Bei der stofflichen Nutzung müssen entsprechende Vorkehrungen getroffen werden, um die organischen Bestandteile am Ende der Nutzungszeit leicht abtrennen zu können. Entsprechende Prozessketten sind bisher allerdings noch kaum etabliert. Eine weitere Erhöhung der Biomasseverfügbarkeit in Deutschland könnte durch den Import biogener Energieträger erreicht werden. Begrenzt werden die Möglichkeiten durch die hohe Transportintensität der Biomasse. Dennoch kommt es heute schon zu signifikanten Importen nach Deutschland. Dies gilt z. B. für Holzpellets aus Österreich, aber auch zunehmend für Pflanzenöle. Letztere, vor allem Palmöle, sind dabei aufgrund ihrer negativen ökologischen und ökonomischen Auswirkungen – Umwandlung der Regenwälder mittels Brandrodung in Anbauflächen, Ausbreitung ökonomisch monokultureller und sozial inadäquater Strukturen – besonders in die Kritik geraten. Ihnen kann nur dann ein Beitrag zugemessen werden, wenn es gelingt, über die Festsetzung von transparenten Standards Herkunft und nachhaltige Produktionsmethoden nachzuweisen.

Wasserkraft – gewaltige Kräfte von Flüssen

Wasserkraft gehört zu den traditionellen und kostengünstigsten Nutzungsformen erneuerbarer Energien. Vor Beginn der flächendeckenden Elektrifizierung war sie vielfach die einzige Möglich-

keit zur Nutzung elektrischer Energie. Allein in Deutschland
sind Schätzungen zufolge mehr als 7000 Anlagen in Betrieb, der
überwiegende Teil in Bayern und Baden-Württemberg. Dabei
handelt es sich häufig um Kleinanlagen mit einer installierten
Leistung von weniger als 1 MW. Neben Laufwasserkraftwerken
tragen zu geringeren Teilen auch so genannte Speicherwasser-
kraftwerke, die über einen natürlichen Zulauf verfügen, zur
Stromerzeugung aus Wasserkraft bei.

Im Jahr 2005 wurden in Deutschland bei einer installierten
Leistung von 4,67 GW rund 21,5 TWh Strom aus Wasserkraft
erzeugt. Die verfügbaren Potenziale, die je nach Quelle auf etwa
24 bis 25,5 TWh geschätzt werden, sind damit zu großen Teilen
bereits ausgeschöpft. Ausweitungsmöglichkeiten ergeben sich
vor allem im Bereich der Ertüchtigung bzw. Reaktivierung bestehender Kleinanlagen, während größere Wasserkraftwerke nur
noch an wenigen Standorten Realisierungschancen haben dürften. Um die letztgenannten Potenziale zu erschließen, umfasst
das EEG seit 2004 auch die Modernisierung und Erweiterung
bestehender Großanlagen bis 150 MW$_{el}$. Auf dieser Basis ist
z. B. im Kraftwerk Rheinfelden eine Leistungserhöhung von
25,7 MW$_{el}$ auf etwa 100 MW$_{el}$ durchgeführt worden.

Auf internationaler Ebene ist dagegen eine Vielzahl auch größerer Anlagen in Bau. Das größte und aufgrund der damit verbundenen Probleme (z. B. Umsiedlung) bekannteste Vorhaben

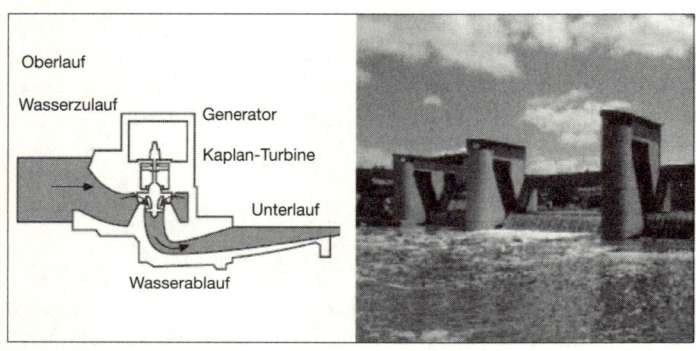

Abb. 11: Prinzipschaubild eines Wasserkraftwerkes (Quelle: BMU 2006a)

ist sicher der «Drei-Schluchten-Damm» in China. Der Zubau an großen Wasserkraftwerken betrug weltweit im Jahr 2005 zwischen 12 und 14 GW, angeführt von Aktivitäten in China (7 GW), Brasilien (2,4 GW) und Indien (1,3 GW). Im Bereich kleiner Wasserkraftwerke betrug der Zuwachs im Jahr 2005 hingegen lediglich 5 GW.

Die Stromgestehungskosten von Kleinwasserkraftwerken liegen je nach Rahmenbedingungen zwischen 10 und 20 Cent/kWh. Aufgrund der Kostendegression liegen sowohl die spezifischen Investitionskosten bei Großanlagen (10–100 MW) mit 2000–4000 Euro/kW deutlich unter denjenigen von Kleinanlagen als auch die resultierenden Stromerzeugungskosten, die für größere Anlagen auf 4,5–10 ct/kWh geschätzt werden können. Bei Reaktivierung oder Modernisierung bestehender Anlagen können Stromgestehungskosten zwischen 2,5 und 6,6 Cent/kWh erreicht werden.

Gezeiten- und Wellenenergie

Für Deutschland von geringer Bedeutung, international aber in einzelnen Regionen durchaus beachtenswert sind die Gezeiten- und Wellenenergie. Sie sollen deswegen hier nur am Rande erwähnt werden. Standorte für Gezeitenkraftwerke sind auf einen hinreichenden Tiedenhub (Unterschied zwischen Ebbe und Flut) von mehr als 5 m angewiesen. Günstige Bedingungen liegen z. B. vor der Küste Bordeaux' vor, wo das derzeit größte Gezeitenkraftwerk installiert ist, das schon 1966 in Betrieb ging. Weltweit liegt die installierte Leistung bei etwas mehr 0,3 GW. Nur wenige Anlagen sind darüber hinaus im Bau. Bekannt ist vor allem ein größeres Bauvorhaben in Südkorea, wo bis zum Jahr 2009 eine Anlage mit einer elektrischen Leistung von 260 MW installiert werden soll. Damit würde sich die in Gezeitenkraftwerken installierte Leistung auf einen Schlag fast verdoppeln.

Außer der Gezeitenenergie kann auch die Wellenenergie zur Stromerzeugung genutzt werden. Technisch ist dies z. B. über Unterwasserturbinen (Prinzip umgedrehtes Windkraftwerk) möglich, wie sie derzeit vor der Küste Schottlands im Einsatz sind.

Die Anlagen werden in der Regel küstennah in einer Wassertiefe zwischen 20 und 30 m installiert, um eine kontinuierliche Ausnutzung der Wasserkräfte zu gewährleisten. Energiewirtschaftlich spielen Wellenkraftwerke bisher keine nennenswerte Rolle. In Deutschland soll bis zum Jahr 2008 das erste Wellenkraftwerk mit einer Leistung von 500 kW$_{el}$ an der Nordseeküste installiert werden. Investor ist der süddeutsche Energiekonzern EnBW. Verwendet werden soll hier das technische Prinzip der oszillierenden Wassersäule. Jede Welle verdrängt in einem entweder nach oben oder unten geöffneten Behälter die darin befindliche Luft. Diese treibt eine so genannte Wells-Turbine an, die mit einem Generator zur Stromerzeugung verbunden ist.

Nutzungsstand und Potenziale erneuerbarer Energien im Überblick

Die Nutzung erneuerbarer Energien hat in den letzten Jahren in Deutschland deutlich zugenommen (Abb. 12). Nach der für die Einordnung erneuerbarer Energien heute üblichen Wirkungsgradmethode betrug der Primärenergieanteil Ende 2005 rund 4,6%. Im Vergleich zur Substitutionsmethode, die früher standardmäßig zur Anwendung kam, wird dabei vor allem die Stromerzeugung aus erneuerbaren Energien unterbewertet, da die erzeugten kWh Strom 1:1 als Primärelektrizität gewertet werden und nicht über einen Umwandlungsfaktor (wie z. B. bei der Kernenergie üblich) auf die substituierte Energie zurückgerechnet wird. Würde man die Substitutionsmethode zugrunde legen, läge der Primärenergieanteil der erneuerbaren Energien bei 6,6%. Historisch gesehen leisten Wasserkraft und Biomasse den größten Beitrag. Andere Nutzungsoptionen wie die Windenergie gewinnen aber zunehmend an Bedeutung. Bezogen auf die Stromerzeugung hat die Windenergie die Wasserkraft mittlerweile als bedeutendste erneuerbare Energieform abgelöst.

Die grundsätzlichen Nutzungsmöglichkeiten erneuerbarer Energien werden trotz zum Teil hoher Zuwachsraten und eines sich dynamisch entwickelnden Marktes aber bisher nur teilweise ausgeschöpft (vgl. Tab. 1). In Deutschland lag der Beitrag zur

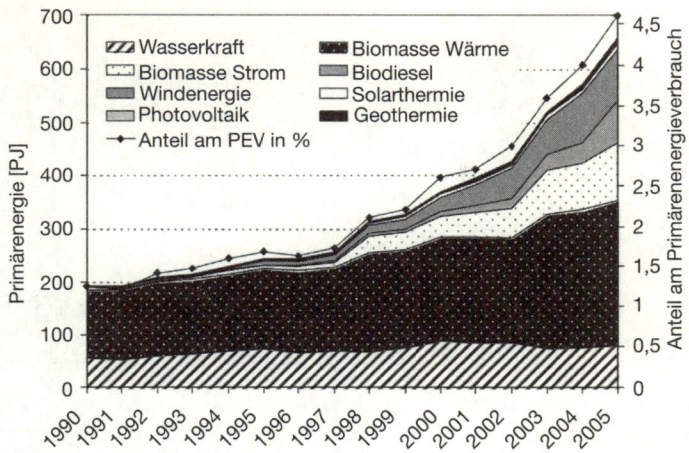

Abb. 12: Entwicklung des Primärenergiebeitrags erneuerbarer Energien in
Deutschland im Zeitverlauf (Quelle: Staiß, 2006)

Stromerzeugung im Jahr 2005 bei etwas mehr als 10% (erste
Schätzungen für 2006 gehen von 11,8% aus), möglich sind über
90%. Die Nachfrage nach Wärme wird heute zu 5,3% durch
erneuerbare Energien gedeckt (Potenzial: 54%), bei den Kraftstoffen basieren 3,6% auf regenerativen Primärenergiequellen
(Potenzial: 10%). Bezogen auf den gesamten Endenergiebedarf
(inkl. Wärmebereitstellung und Kraftstoffe) ergibt sich im Vergleich zu Gesamtpotenzialen von 56% ein Nutzungsanteil von
heute 6,4% (nach ersten Schätzungen wird für 2006 ein Anteil
von 7,4% erwartet).

Erneuerbare Energien können vor dem Hintergrund der verfügbaren Potenziale in ihrem energiewirtschaftlichen Beitrag
damit noch erheblich zulegen. Ein Blick auf die Potenziale zeigt
aber auch, dass die erneuerbaren Energien beim derzeitigen Ver-
brauchsniveau ungeachtet noch offener Fragen der Systemintegration und der mit ihrer Anwendung verbundenen Kosten
allein die Energieversorgung in Deutschland mittelfristig nicht
werden gewährleisten können. Nur durch eine gemeinsame Strategie von Ausbau erneuerbarer Energien und einer zeitgleichen

Tab. 1: Derzeitiger Nutzungsstand und Potenziale erneuerbarer Energien in
Deutschland (Quelle: BMU 2006a und 2007)

	Nutzung 2005	Potenziale		Kommentare
		Ertrag	Leistung	
Stromerzeugung	**[TWh]**	**[TWh/a]**	**MW**	
Wasserkraft	21,5	24	5200	Laufwasser und natürlicher Zufluss zu Speichern
Windenergie				
an Land	26,5	55	25000	
Offshore	–	110	30000	
Biomasse	13,4	60	10000	Erzeugung teilweise in Kraft-Wärme-Kopplung
Photovoltaik	1,0	105	115000	nur geeignete Dach-, Fassaden- und Siedlungsflächen
Geothermik	0,0002	200	30000	Bandbreite 66–290 TWh je nach Anforderungen an eine Wärmenutzung (Kraft-Wärme-Kopplung)
Gesamt	**62,5**	**554**		
Anteil bezogen auf den Bruttostromverbrauch 2005	**10,2 %**	**91 %**		
Wärmeerzeugung	**[TWh]**	**[TWh/a]**		
Biomasse	76,0	200		einschließlich Nutzwärme aus Kraft-Wärme-Kopplung
Geothermie	1,6	330		nur Energiebereitstellung aus hydrothermalen Quellen
Solarthermie	3,0	290		nur geeignete Dach- und Siedlungsflächen
Gesamt	**0,6**	**20**		
Anteil bezogen auf den Endenergieverbrauch für Wärme 2003	**5,3 %**	**54 %**		
Kraftstoffe	**[TWh]**	**[TWh/a]**		
Biomasse	22,3	60		
Gesamt	22,3	60		
Anteil bezogen auf den Kraftstoffverbrauch des Straßenverkehrs 2004	**3,6 %**	**10 %**		
Anteil bezogen auf den gesamten Endenergieverbrauch 2004	**6,4 %**	**56 %**		

signifikanten Verbesserung der Effizienz der Energienutzung auf allen Ebenen kann dies erreicht werden. Letzteres gilt auch für die fossilen Energieträger. Ihrer möglichst effektiven Nutzung kommt bis auf weiteres noch eine wichtige Schlüsselfunktion zu. Neue Optionen für eine klimaverträglichere Nutzung fossiler Energieträger wie die so genannte CO_2-Abtrennung und -Speicherung können möglicherweise ergänzende Beiträge leisten und eine Brückenfunktion auf dem Weg in eine solare und energieeffiziente Energiewirtschaft einnehmen.

In Europa weist Deutschland bezogen auf die absoluten Bereitstellungsanteile erneuerbarer Energien eine Spitzenstellung auf. Es wird derzeit nur von Frankreich und Schweden aufgrund ihrer hohen Wasserkraft- und Biomassepotenziale übertroffen. In relativen Größen liegt Deutschland allerdings eher am hinteren Ende der Vergleichsskala (vgl. Abb. 13). Maßgeblich dafür sind die unterschiedlichen potenzialseitigen Voraussetzungen der Länder und der (aufgrund der hohen Bevölkerungsdichte und des Industrialisierungsgrads) hohe Energiebedarf in Deutschland. Bei den modernen Nutzungsformen erneuerbarer

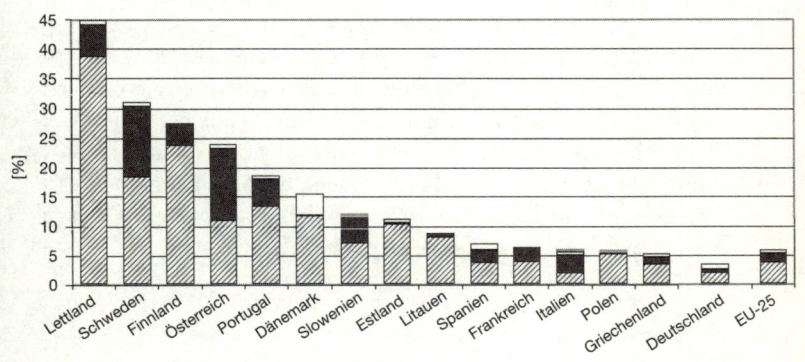

■ Geothermie
□ Windenergie
■ Wasserkraft
▨ Biomasse

restliche EU-Länder:
Anteil am Primärenergieverbrauch < 5%

Quellen:
ZSW [3] (nach den einzelnen für die EU angegebenen Quellen).

Abb. 13: Nutzungsanteile erneuerbarer Energien (Stand 2004)
am Primärenergiebedarf in der EU25 (Quelle: BMU 2006a)

Energien (d. h. vor allem bei der Windenergie) gehört Deutschland hingegen auch von den Erzeugungsanteilen zu den Spitzenreitern.

Für Europa werden die Nutzungspotenziale erneuerbarer Energien über alle Anwendungsbereiche hinweg auf 40 000 PJ/a abgeschätzt. Dies entspricht etwa 60 % des derzeitigen Primärenergiebedarfs. Tatsächlich genutzt werden heute nur rund 12 % des Potenzials, vornehmlich Wasserkraft und Biomasse, zu signifikanten Anteilen aber auch die Erdwärme. Noch nicht eingeschlossen in die Potenzialbetrachtungen sind die Windenergienutzung auf dem Meer, der Energiepflanzenanbau auf zusätzlichen landwirtschaftlichen Stilllegungsflächen und der Import von Biomasse oder solarthermisch erzeugtem Strom aus Ländern außerhalb der EU.

Weltweit liegt der Primärenergieanteil der erneuerbaren Energien nach aktuell vorliegenden Zahlen (Stand 2003) bei etwas mehr als 13 % (neuere Quellen sprechen bei einer allerdings anderen Abgrenzung für das Jahr 2005 von Anteilen zwischen 14 und 16 %). Damit hat sich der Nutzungsstand im Vergleich zur Situation von vor 30 Jahren relativ gesehen kaum verändert. Absolut gesehen kam es allerdings aufgrund der insgesamt rapide gestiegenen Nachfrage nach Energie fast zu einer Verdopplung des Primärenergiebeitrags erneuerbarer Energien. Nach wie vor stammt der bei weitem größte Anteil aus der Biomasse. Dabei überwiegt die traditionelle Nutzungsform (Wärmebereitstellung aus Brennholz und Holzkohle), die aber zunehmend an ihre Grenzen stößt und in weiten Teilen als nicht nachhaltige Nutzung erneuerbarer Energien einzuschätzen ist.

4. Erneuerbare Energien –
dynamische Entwicklung heute und morgen

Die Entwicklung des Ausbaus erneuerbarer Energien in Deutschland basiert heute noch zuvorderst auf einem politisch geschaffenen Markt. Es wurde bereits darauf hingewiesen, dass es für die umfangreiche Anschubfinanzierung in der Übergangszeit sehr gute Gründe gibt, und zwar nicht nur aus umwelt- und klimaspezifischer Sicht, sondern mittel- bis langfristig auch unter harten ökonomischen Gesichtspunkten. Von besonderer Bedeutung hinsichtlich des politischen Rahmens sind dabei vor allem das Erneuerbare-Energien-Gesetz mit seiner Fokussierung auf den Strommarkt und der Vorgabe fester Einspeisevergütungen für den in das Stromnetz eingespeisten Strom aus erneuerbaren Energien, das Marktanreizprogramm mit seinem Schwerpunkt auf dem Wärmemarkt mit der Gewährung von Investitionszuschüssen oder günstigen Finanzierungsbedingungen und spezifische Regelungen für Biokraftstoffe (zum Jahresbeginn 2007 entfiel die bisherige Steuerbefreiung zu Gunsten der Einführung einer Biokraftstoffbeimischungspflicht).

Auch international ist die energie- und klimapolitische Flankierung sicherlich eine der bestimmenden Kräfte für den auch hier sichtbaren deutlichen Aufschwung erneuerbarer Energien. Im Jahr 2005 sind rund 38 Mrd. $ (31,5 Mrd. Euro) in Anlagen zur Nutzung erneuerbarer Energien investiert worden – davon allein je 7 Mrd. $ (5,8 Mrd. Euro) in Deutschland und China –, das sind ca. 25 % mehr als noch ein Jahr zuvor.

Die Angaben in Tabelle 2 zeigen, dass in allen Bereichen signifikante Zuwächse zu verzeichnen waren. Der absolute Zuwachs der installierten Leistung im Bereich der Windenergie lag mit 11 GW$_{el}$ erstmals in der Größenordnung der Zugänge bei der großen Wasserkraft. Relativ gesehen noch deutlich stärkere Zuwächse gab es insbesondere bei der Photovoltaik und bei der Bio-

Tab. 2: Charakteristische Kennzahlen des globalen Marktes
für erneuerbare Energien (Quelle: Martinot 2006)

Ausgewählte Indikatoren	2004		2005
Jährliche Neuinvestition in erneuerbare Energien	$ 30	→	$ 38 Mrd.
Gegenwärtige Energieleistung erneuerbarer Energien (exkl. Große Wasserkraft)	160	→	182 GW
Gegenwärtige Stromerzeugungsleistung Erneuerbarer Energien (inkl. Große Wasserkraft)	895	→	930 GW
Gegenwärtige Windkraftkapazität	48	→	59 GW
Gegenwärtige Netzleistung von Solar-PV	2,0	→	3,1 GW
Jährliche Solar-PV-Produktion	1150	→	1700 MW
Gegenwärtige Solar-Warmwasserkapazität	77	→	88 GWth
Jährliche Ethanol-Produktion	30,5	→	33 Mrd. l
Jährliche Biodiesel-Produktion	2,1		3,9 Mrd. l
Länder mit Politikzielen	45	→	49
Staaten/Provinzen/Länder mit Einspeisepolitiken	37	→	41
Staaten/Provinzen/Länder mit Mengenzielen/Quoten	38	→	38
Staaten/Provinzen/Länder mit Biokraftstoffmandaten	22	→	38

dieselproduktion. Bei den Markteinführungspolitiken für erneuerbare Energien setzen die Länder durchaus auf unterschiedliche Konzepte. Zahlreiche Länder orientieren sich wie Deutschland im Bereich der Stromerzeugung an Einspeisetarifen, andere Länder setzen stärker auf Quotensysteme bzw. Mengenverpflichtungen oder Steuererleichterungen respektive Nutzungsverpflichtungen. So ist Spanien das erste Land, in dem eine Verpflichtung besteht, bei Neubauten solare Kollektorsysteme für die Warmwasserbereitung zu installieren. Im Zuge der stark gestiegenen Ölpreise lag zwischen 2004 und 2005 ein besonderer Schwerpunkt in der Einführung von unterstützenden Politiken im Bereich Biokraftstoffe.

Interessant ist – wie Tabelle 3 deutlich macht – ein Blick auf die jeweiligen «top five» der Branche. Dieser zeigt, dass es nicht nur einzelne Länder sind, die erneuerbare Energien heute nutzen, wenngleich sicherlich Deutschland und die USA, aber auch China mengenmäßig zu den Vorreitern gehören. Dies mag in Bezug auf China überraschend klingen, aber heute sind die mit Abstand meisten solaren Warmwasserbereitungssysteme dort installiert. Es ist auch erkennbar, dass in Deutschland zwar nach

Tab. 3: Top-Five-Länder in Bezug auf installierte Leistung in 2005
und insgesamt installierte Leistung (Quelle: Martinot 2006)

Gegenwärtige Zubauleistung in 2005					
Jährliche Investitionen	Deutschland/China		USA	Japan	Spanien
Windkraft	USA	Deutschland	Spanien	Indien	China
Solar-Photo-voltaik (netz-gebunden)	Deutschland	Japan	USA	Spanien	Frankreich
Solar-Warm-wasser	China	Türkei	Deutsch-land	Indien	Österreich, Griechenland, Japan, Austra-lien
Ethanol-Pro-duktion	Brasilien/USA		China	Spanien/Indien	
Biodiesel-Pro-duktion	Deutschland	Frankreich	Italien	USA	Tschechien

Gegenwärtige Kapazität (Stand 2005)					
Inst. Leistung (exkl. Große Wasserkraft)	China	Deutschland	USA	Spanien	Indien
Große Wasser-kraft	USA	China	Brasilien	Kanada	Japan/Russland
Kleine Wasser-kraft	China	Japan	USA	Italien	Brasilien
Windkraft	Deutschland	Spanien	USA	Indien	Dänemark
Biomasse	USA	Brasilien	Philippinen	Deutschland/Schweden/Finnland	
Geothermie	USA	Philippinen	Mexiko	Indonesien/Italien	
Solar-Photo-voltaik (netz-gebunden)	Deutschland	Japan	USA	Spanien	Niederlande
Solar-Warm-wasser	China	Türkei	Japan	Deutschland	Israel

wie vor bisher die meisten Windenergieanlagen errichtet worden sind, die jährlichen Zuwachsraten aber im Jahr 2005 erstmals in den USA wieder größer waren. Dies liegt weniger an dem leicht gesunkenen Absatz in Deutschland als vielmehr an dem deutlichen Aufschwung der Windenergie in den USA. Die USA, lange

Zeit führende Nation im Bereich der Windenergie, sind damit erstmals seit 1992 wieder an die Spitze gerückt. Auf der anderen Seite hat Deutschland mit einer neu errichteten Anlagenkapazität von mehr als 600 MW Japan von der Spitze der Photovoltaikinstallationen verdrängt.

Inwieweit der weltweite Aufschwung bei der Fortentwicklung erneuerbarer Energien anhält, ist vor allem eine Frage der weiteren politischen Flankierung und nicht zuletzt der Weiterentwicklung der internationalen Klimapolitik, der konkreten Umsetzung von Entwicklungszielen (Millenium Development Goals) sowie der fossilen Brennstoffpreise. Vergleicht man die bis dato vorliegenden Weltenergieszenarien, so gehen eine Reihe von Untersuchungen davon aus, dass unter «Business as usual»-Bedingungen der heutige Status gerade gehalten werden kann und auch bis zur Mitte des Jahrhunderts kaum Primärenergieanteile jenseits der 13 oder 14 % erreicht werden. Ein typisches Beispiel dafür ist der *World Energy Outlook* der IEA, und maßgeblich für die zurückhaltende Projektion sind dabei nicht etwa potenzialseitige Grenzen, sondern auf der einen Seite ein ungebremstes Wachstum der Energienachfrage und auf der anderen Seite ein «Laufen lassen» der energiebedingten CO_2-Emissionen auf das 2,5-Fache das Ausgangswerts des Jahres 2000. Andere Untersuchungen gehen demgegenüber von deutlich höheren Anteilen aus, die im Extremfall zur Mitte des Jahrhunderts primärenergieseitig die 50%-Marke überschreiten (vgl. z. B. DLR, EREC 2007). Derartige Analysen kommen entweder von den Umweltverbänden, den Industrieverbänden der erneuerbaren Energien oder von wissenschaftlichen Institutionen. Ihr Ausgangspunkt sind klar gesetzte Klimaschutzziele und sie unterstellen eine herausgehobene Rolle der erneuerbaren Energien für deren Erreichung. Aber auch Unternehmen aus der Mineralölwirtschaft wie Shell, die zu den Pionieren der Energieszenarien gehören, erwarten für die erneuerbaren Energien eine dominierende Rolle in der zweiten Hälfte dieses Jahrhunderts. Unter bestimmten Bedingungen kann sich aber auch die IEA eine stärker von erneuerbaren Energien bestimmte Zukunft vorstellen (vgl. IEA 2006b). Voraussetzung dafür sind eine deutliche Kostendegression bei den erneuerbaren Energien und der explizite Wille, die CO_2-Emissionen unterhalb des jetzigen Niveaus zu drücken. Die Notwendigkeit, die erneuerbaren Energien zu unterstützen und weiter auszubauen, ist dementsprechend weltweit erkannt, was auch in der Abschlusserklärung des von Energie- und Klimathemen beherrschten G-8-Gipfels 2007 im deutschen Heiligendamm zum Ausdruck kommt. Der Ausbau erneuerbarer Energien steht in vielen Ländern der Erde mittlerweile wie selbstverständlich auf der energiepolitischen Agenda. Das gilt nicht nur für die Industriestaaten, denen aufgrund klimapolitischer Verantwortung und ökonomischer Potenz eine natürliche Vorreiterrolle zukommt, sondern auch für eine ganze Reihe von Entwicklungs- und Schwellenländern. Mit dem auf der Ratssitzung im März 2007 gefassten Beschluss, bis zum Jahr 2020 den Primärenergieanteil der erneuerbaren Energien als wesentlichen Beitrag zum Klimaschutz von derzeit 6 % auf 20 % auszubauen, wird die Europäische Union dieser Verantwortung gerecht.

Aus internationaler Perspektive liegt das Augenmerk jenseits der Industrieländer dabei vor allem auf den beiden bevölkerungsreichen und wirtschaftlich rasch wachsenden Ländern China und Indien. Beide Länder stehen vor immensen Herausforderungen, zu denen die erneuerbaren Energien erhebliche Lösungsbeiträge leisten können. Einerseits geht es z. B. darum, den Millionen Menschen, die heute noch nicht ans Stromnetz angeschlossen sind, Zugang zu modernen Nutzungsformen von Energie und damit neue eigene Entwicklungschancen zu ermöglichen. Andererseits gilt es den immensen Energiehunger der wachsenden Megastädte zu stillen.

Speziell für China ist die Sicherung der Energieversorgung heute schon eine der entscheidenden Herausforderungen. Dabei spielt die Fortentwicklung und breite Anwendung erneuerbarer Energien eine besondere Rolle. Dies gilt umso mehr, wenn Umwelt- und Klimarestriktionen mit beachtet werden sollen. China hat sich bezüglich des Ausbaus erneuerbarer Energien sehr ehrgeizige Ziele gesetzt. Bis zum Jahr 2020 soll der Anteil erneuerbarer Energien an der Primärenergieversorgung (inkl. große Wasserkraftwerke) von heute rund 7 % auf 16 % erhöht werden.

Dabei sind technologiespezifische Ausbauziele festgelegt worden (z. B. 300 GW bei der Wasserkraft, 30 GW bei der Windenergie, 30 GW bei der Stromerzeugung aus Biomasse und 1,8 GW bei der photovoltaischen Stromerzeugung).

Energieszenarien für China zeigen aber klar, dass die Probleme nur dann überhaupt in den Griff zu bekommen sind, wenn Wirtschaftswachstum und Energiebedarf deutlich voneinander entkoppelt werden können. Zwei aktuelle Szenarien gehen davon aus, dass bis zum Jahr 2050 mit einer Erhöhung des Energiebedarfs um den Faktor 3,5 zu rechnen sein wird. Im gleichen Zeitraum wird eine Verdreizehnfachung der Wirtschaftsleistung erwartet, was bereits auf die unterstellten notwendigen Anstrengungen zur Verbesserung der Energieeffizienz hindeutet (Ni 2004 und Zhang 2005). Den Primärenergieanteil der erneuerbaren Energien sehen die beiden Szenarien von heute 7 % auf 18 respektive 28 % wachsen. Mit den selbstgesteckten Zielen wäre die chinesische Regierung damit schon auf einem adäquaten Pfad. Angesichts des enormen Anstiegs des Energiebedarfs ist die relative Steigerung vor allem in absoluten Zahlen mit einem drastischen mengenmäßigen Wachstum verbunden. Entscheidend für das Ausmaß der Erhöhung ist den Szenarien zufolge einerseits auch hier die Frage der CO_2-Restriktionen, die unterstellt werden, und andererseits, welche Rolle die Kohle weiter spielen wird. Letzteres wird maßgeblich davon abhängen, inwieweit die CO_2-Abtrennung und -Speicherung rechtzeitig etabliert und auch zu tragfähigen Kosten eingesetzt werden kann.

Insgesamt ist zukünftig von weiter steigenden Marktanteilen erneuerbarer Energien weltweit auszugehen. Dies führt dazu, dass der Wirtschaftsfaktor erneuerbare Energien deutlich an Bedeutung gewinnen wird. Es ist absehbar, dass sich das globale Investitionsvolumen von heute mehr als 30 Mrd. Euro pro Jahr bis zum Jahr 2020 konservativen Schätzungen zufolge auf mindestens 115 Mrd. Euro und gemäßigt optimistischen Schätzungen zufolge auf über 250 Mrd. Euro pro Jahr erhöhen könnte. Allein für diesen relativ kurzen Zeitraum von 15 Jahren wird daher eine Verdrei- bis Verachtfachung des Marktvolumens erwartet. Entscheidende Treiber dieser Entwicklung sind technologische

Innovationen im Bereich der Windenergie (vor allem Einstieg in die Offshore-Nutzung), Neuentwicklungen im Bereich der Photovoltaik sowie die Markteinführung im Bereich der solarthermischen Kraftwerke. Für High-Tech-Länder wie Deutschland wird es darauf ankommen, über einen stetigen Technologievorsprung einen nennenswerten Marktanteil behaupten zu können. Hierzu bedarf es eines soliden und erfolgreichen heimischen Marktes, der die Unternehmen des Landes selbstbewusst in der internationalen Szene aufstellt.

Für die nächsten Jahre wird dies ohne energiepolitische Unterstützung nicht gehen, die sich aber auszahlen wird u. a. in Form neuer zukunftsträchtiger Arbeitsplätze und signifikanter Beiträge zur weltweiten Diffusion der Technologien. So hat die deutsche Windenergieindustrie längst damit begonnen, sich auf den Exportmarkt auszurichten. Die Exportquote stieg in den letzten Jahren deutlich an und erreichte im Jahr 2005 mit 71 % das typische hohe Niveau der gesamten deutschen Maschinen- und Anlagebaubranche. Dabei profitieren nicht nur die Kernkomponentenhersteller von den Exportmöglichkeiten, sondern auch die Lieferanten der Einzelkomponenten, die heute zum Teil in ihren jeweiligen Segmenten Weltmarktführer sind. Eine derartige Entwicklung war nur auf der Basis eines prosperierenden Heimatmarktes möglich. Heute sind die deutschen Windenergiehersteller in wenigstens 17 Ländern außerhalb Deutschlands mit eigenen Vertriebs- bzw. Projektierungsbüros vertreten. Mit dieser Entwicklung geht allerdings eine teilweise Verlagerung von Wertschöpfung und Know-how in die Auslandsmärkte einher.

Nicht nur auf Seiten der Hersteller, sondern auch bei der Energieerzeugung ist zunehmend festzustellen, dass traditionelle Akteure aus der Energiewirtschaft den Markt der erneuerbaren Energien für sich entdecken. Dies geschieht auf dreierlei Ebenen:

• durch den eigenständigen Betrieb von (zumeist großen) Anlagen in Deutschland,
• durch die Ausweitung des Geschäftsfelds erneuerbare Energien im Ausland,

- durch die Beteiligung mit Risikokapital an jungen aufstre-
benden Unternehmen bis hin zur Gründung von Gemein-
schaftsunternehmen im Bereich Anlagenbau.

Dabei sind längst nicht mehr nur die Mineralölunternehmen
im Bereich der Produktion von Solarmodulen (wie Shell und BP)
oder Biokraftstoffen tätig, sondern zunehmend auch die großen
Stromunternehmen. Beispiele für deren Aktivitäten sind u. a. die
Ankündigung von E.ON, bis zum Jahr 2011 in Deutschland
500 MW Offshore-Windenergieleistung zu installieren. Der
Wettbewerber RWE npower hat mit 2000 Barclay-Niederlas-
sungen in Großbritannien einen der größten Ökostromverträge
abgeschlossen. Danach verpflichtet sich die Bank, innerhalb von
drei Jahren 30 Mio. kWh an zertifiziertem Ökostrom zu kaufen.
Das viertgrößte deutsche Stromerzeugungsunternehmen EnBW
nutzt die erneuerbaren Energien vor allem im Rahmen der Ertüchtigung und Erweiterung von bestehenden Laufwasserkraftwerken (z. B. Kraftwerk Rheinfelden). Darüber hinaus plant
EnBW die Errichtung des ersten deutschen Wellenkraftwerks an
der Nordsee bis zum Jahr 2008 und unterstützt auch das Geo-
thermieförderprogramm des Landes Baden-Württemberg. Der
Vattenfall Konzern ist an verschiedenen Standorten mit Windkraftwerken vertreten. Gemeinsam mit anderen Partnern aus
der Energiewirtschaft und dem Bund engagiert sich Vattenfall
auch beim Offshore-Testfeld, in dem unter realen Bedingungen
die neue Generation der 5-MW-Anlagen erprobt wird. Für den
Standort Groß-Schönebeck plant der Konzern die Errichtung
eines zweiten Geothermiekraftwerkes mit einer installierten Leistung von rund 1 MW_{el}.

Mit ihren Aktivitäten stehen die deutschen Unternehmen
nicht allein dar. Auch die großen ausländischen Energieunternehmen haben die erneuerbaren Energien längst für sich ent-
deckt. So erzeugt selbst der französische Atomenergiekonzern
Electricité de France (EdF) rund 10 % seines Stroms aus erneuerbaren Energien (vornehmlich Wasserkraft). Bis zum Jahr 2010
wollen die Franzosen 3 Mrd. Euro in Windkraftwerke und Solaranlagen investieren. Massive Investitionen haben auch spanische und US-amerikanische Unternehmen angekündigt. So

ist der spanische Iberdrola-Konzern heute schon der weltgrößte Windenergieproduzent und will sich bis zum Jahr 2010 mit dem Bau von 600 MW$_{el}$ auch aktiv im Bereich solarthermischer Kraftwerke engagieren.

Innovative Projekte werden auch von kleineren Energieunternehmen angestoßen. Dazu gehört z. B. die Initiative der Energieversorgung Weser Ems (EWE) im Projekt HyWindBalance, in dem die Integration der Windenergie mit der Wasserstofferzeugung erprobt werden soll. Ihr Ziel ist, über den Wasserstoff als Speicher den Windenergiestrom ökonomisch besser auszunutzen und Einspeisungen in nachfrageschwachen Phasen (z. B. sonntags) zu vermeiden. Der Windenergiestrom wird so veredelt und später zu besseren Konditionen abgesetzt. Alternativ steht die Nutzung als Kraftstoff zukünftig zur Debatte. Auch wenn die flächendeckende Umsetzung derartiger Projekte noch auf sich warten lassen wird, sind derartige Pilotvorhaben ungemein wichtig, um frühzeitig Erkenntnisse gewinnen zu können und entsprechende zusätzliche Entwicklungen einleiten zu können.

5. Erneuerbare Energien – System- und Marktintegration

Die Herausforderungen für die Weiterentwicklung erneuerbarer Energien wurden in den vorangegangenen Abschnitten bereits benannt. Angesichts der zuvor beschriebenen Marktdynamik werden dabei vor allem große Anforderungen an die Systemintegration gestellt. Gleichzeitig ist zu fragen, wie die auch mittelfristig noch notwendigen Vorleistungen für die Marktentwicklung erneuerbarer Energien getragen werden können und welche Chancen erneuerbare Energien haben, sich mittel- bis langfristig aus eigener Kraft an den Märkten zu etablieren.

Systemintegration

Im liberalisierten Markt ist es ein wirtschaftliches Ziel im Zusammenspiel von Stromerzeugern, Stromtransporteuren und -verteilern sowie Stromlieferanten, den Strombedarf der Endkunden jederzeit zu decken, ohne dabei eine überdimensionierte Reserveleistung vorzuhalten oder umgekehrt Gefahr zu laufen, einen Engpass zu erleiden. Ebenso wie Laständerungen auf der Verbraucherseite stellt die fluktuierende Einspeisung aus erneuerbaren Energieträgern ins Stromnetz auf der Erzeugerseite ein Problem dar. So führt das schwankende Dargebot von Windenergie und Sonneneinstrahlung dazu, dass auf der Erzeugerseite z. T. erhebliche Schwankungen entstehen. Biomasse- und Erdwärmekraftwerke sowie weitestgehend auch Laufwasserkraftwerke können dagegen flexibel betrieben werden oder stellen ein grundlastäquivalentes Energieangebot zur Verfügung.

Darüber hinaus ist die räumliche Wirkung der Stromerzeugung aus erneuerbaren Energien zu betrachten. Dies gilt vor allem hinsichtlich ihrer Auswirkungen auf die Stromnetze. Die häufig eher dezentralen Anlagen führen zwar für den regionalen Stromtransport durchaus zu positiven Effekten (Verringerung der Transportlast) und damit verbundenen Kosteneinsparungen. Höhere Transportaufwendungen ergeben sich aber aus der zunehmend asymmetrischen Verteilung der Anlagen. Dabei spielt insbesondere die Konzentration der Windenergie in windhöffigen, häufig aber auch nachfrageschwächeren Regionen eine Rolle. Ganz besondere Anforderungen resultieren mit Blick auf die zu überbrückende Entfernung wie auf die zu erwartende Gesamtleistung zukünftig aus der Anbindung der Offshore-Windenergie an das Festland und den Transport der elektrischen Energie zu den Verbrauchsschwerpunkten. Hiermit verbunden sind notwendigerweise Netzverstärkungs- und gezielte Netzausbaumaßnahmen.

Neben den Netzplanern stellt die fluktuierende Strombereitstellung aus Wind und Sonne die Kraftwerkseinsatzplanung vor hohe Anforderungen. Im Unterschied zu Lastschwankungen, für die sich aufgrund langjähriger praktischer Erfahrung Vorhersagesysteme etabliert haben, sind derartige Systeme für die Integration erneuerbarer Energien noch vergleichsweise am Anfang. Auch wenn die Entwicklung von Prognosesystemen für die Windenergie vielversprechend voranschreitet und sich die Möglichkeiten der vorausschauenden Kraftwerkseinsatzplanung damit deutlich verbessern, kommt potenziellen Alternativen eine große Bedeutung zu.

Der Ausgleich zwischen realer und prognostizierter Leistung erfolgt auf der Erzeugerseite im Bereich der Minutenreserve heute durch bewusst in Teillast gefahrene Mittellastkraftwerke oder schnellstartende Spitzenlastkraftwerke. Mit dieser Regelenergiebereitstellung ist auch ein erheblicher kostenseitiger Aufwand verbunden. Grundsätzliche alternative oder zumindest ergänzende Optionen für die konventionelle Regel sind der Einsatz von Stromspeichern, das Lastmanagement, die Entwicklung von Hybridkonzepten sowie das Erzeugungsmanagement.

Die Nutzungsmöglichkeiten von Stromspeichern sind derzeit noch begrenzt. Pumpspeicherkraftwerke werden heute schon intensiv zu Regelzwecken genutzt (in Deutschland installiert ist aktuell eine Leistung von rund 5000 MW, das größte Kraftwerk steht in Goldisthal mit einer installierten elektrischen Leistung von 1060 MW). Deren Ausbaupotenzial ist aber allein schon aus topografischen Gründen sehr gering. Daneben stehen bei den Stromspeichern in erster Linie nur Optionen zur Überbrückung sehr kurzfristiger Angebotsschwankungen im Sekundenbereich zur Verfügung (z.B. Schwungradspeicher). Sie können zwar Beiträge zur unterbrechungsfreien Stromerzeugung leisten, stellen aber keine Alternative zur Regelenergie dar. Für den Einsatz im Bereich der Regelenergie denkbar sind Druckluftspeicherkraftwerke oder Strömungsbatterien, die auch als reversible Brennstoffzellen bezeichnet werden. Diese Technologien befinden sich momentan noch in der Frühphase der Anwendungen.

Ein Druckluftspeicherkraftwerk mit 290 MW Leistung wird in Deutschland bereits seit 1978 betrieben, der Bau weiterer Kraftwerke dieses Typs erfolgte jedoch nicht. An der Entwicklung von Druckluftspeichern mit einem deutlich höheren Systemwirkungsgrad von rund 70% wird im Rahmen eines EU-For-

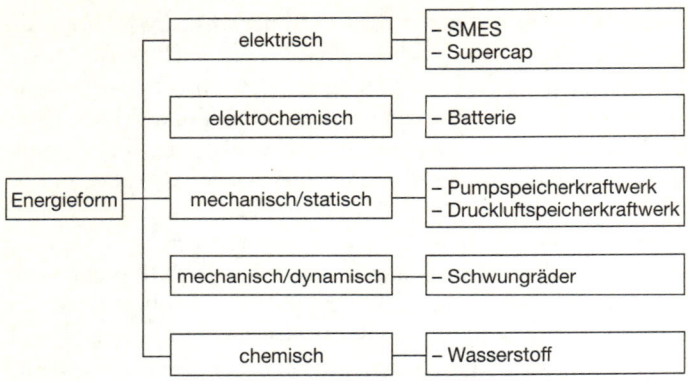

Abb. 14: Übersicht über grundsätzliche Speichermöglichkeiten

schungsvorhabens gearbeitet. Erfahrungen mit Strömungsbatterien liegen aus einigen weltweit realisierten Demonstrations- und Pilotprojekten vor. In Japan ist eine 6-MWh-Vanadium-Strömungsbatterie in Anbindung an einen 30-MW-Windpark installiert. Ein ähnliches Projekt soll 2007 in Irland realisiert werden.

Grundsätzlich kommt auch die Speicherung von Strom in chemischer Form als Ausgleichsoption in Frage. Relevant ist dabei vor allem die Speicherung von Wasserstoff, der über Wasserelektrolyse bereitgestellt und in Brennstoffzellen oder Gas-Kraftwerken rückverstromt werden könnte. Nachteil der chemischen Speicherung sind die hohen Systemverluste in der Speicherprozesskette.

Eine interessante neue Option des Ausgleichs stellt das Lastmanagement dar. Darunter versteht man die zielgerichtete Steuerung der Nachfrage nach elektrischer Energie zur Beeinflussung bzw. Vergleichmäßigung der Lastganglinie, z. B. durch Reduzierung der Lastspitzen oder Auffüllen von Lasttälern. Zum Lastmanagement zählen daher sowohl das Abwerfen als auch das Zuschalten von Lasten. Die Beeinflussung der Lastganglinie erfolgt heute in Ansätzen bereits durch die Bereitstellung von lastseitiger Minutenreserve zur Anpassung der tatsächlichen Stromnachfrage an die Stromprognosen. Die zunehmende Einspeisung erneuerbarer Energien ins Netz könnte den Bedarf deutlich erhöhen.

Generell geeignet für das Lastmanagement sind z. B. solche Verbraucher, bei denen aufgrund einer inneren Reserve (z. B. Kühlkörper) ein zeitweiser Lastabwurf kompensiert werden kann, eine gewisse Flexibilität des Einsatzzeitraums besteht (z. B. Waschmaschinen) oder die Möglichkeit eines diskontinuierlichen Betriebs gegeben ist (z. B. Zementmühlen).

Das Gesamtpotenzial des Lastmanagements kann auf rund 6 GW geschätzt werden, die Hälfte davon im Bereich Haushalte, die andere Hälfte bei industriellen/gewerblichen Anwendungen. Dies liegt in der Summe über dem heutigen durchschnittlichen Regelenergiebedarf. Das Potenzial könnte sich zukünftig deutlich erhöhen, wenn weitere steuerbare Lasten (z. B. elektrische Wärmepumpen im Verbund mit Wärmespeichern) oder Plug-In-Hybrid-Fahrzeuge* an Bedeutung im Markt gewinnen bzw. aus Gründen der Laststeuerung bewusst vermehrt in den Markt eingeführt werden.

Unter Hybridkraftwerken versteht man die Kopplung aus erneuerbaren Energien und konventionellen Kraftwerken. Ein Beispiel dafür ist der Zusammenschluss von Windkraftanlage und Dieselgenerator. Anwendungsbereiche bestehen besonders in abgelegenen Versorgungsgebieten, wo der Dieselgenerator die fluktuierende regenerative Erzeugung in den als Insellösung ausgelegten Systemen ausgleicht. Derartige Systemverbünde sind mittlerweile aber auch für größere Kraftwerkseinheiten in der Diskussion. So ist bei größeren Windparks auch die Anbindung an ein erdgasbefeuertes Gasturbinenkraftwerk als Ausgleichsoption denkbar.

Grundsätzlich lassen sich auch verschiedene Optionen des Lastausgleichs miteinander verbinden. Abbildung 15 stellt Bausteine für das Konzept eines Effizienzkraftwerks dar, das nicht nur dafür gedacht ist, einen Beitrag zum Fluktuationsausgleich

---

* Plug-In-Hybridfahrzeuge sind Fahrzeuge mit einem konventionellen Antrieb und einem Elektromotor sowie Batteriespeichersystemen. Die Batterien können während des Betriebs vom Fahrzeug selber geladen werden oder alternativ dazu durch den Anschluss ans Stromnetz.

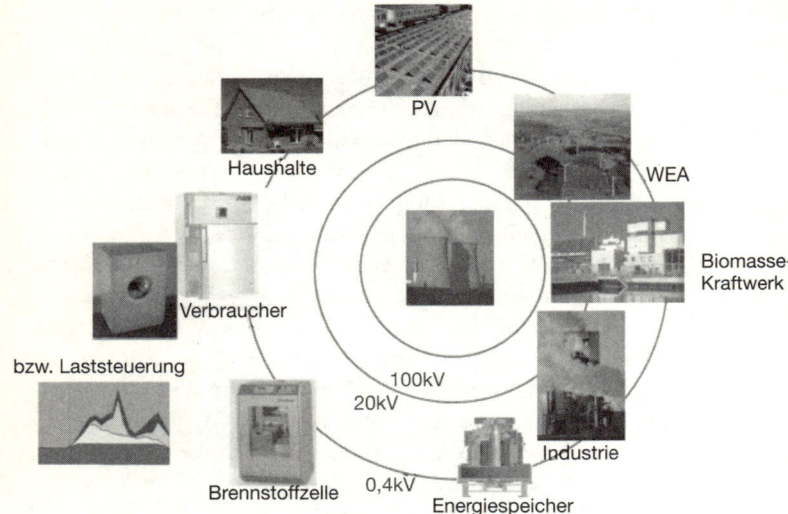

Abb. 15: Bausteine eines Effizienzkraftwerks

der unstetig einspeisenden erneuerbaren Energien zu leisten, sondern über die intelligente Vernetzung durch moderne Informations- und Kommunikationstechnologien auch so flexibel eingesetzt werden kann, dass sich dadurch ein konventionelles Kraftwerk vollständig ersetzen lässt.

Was kostet der weitere Ausbau erneuerbarer Energien?

Für die zukünftig verstärkte Nutzung erneuerbarer Energien ist die weitere Ausschöpfung von Kostendegressionspotenzialen von erheblicher Bedeutung. Schon heute konnten bei nahezu allen Nutzungsoptionen erhebliche Kostensenkungen erreicht werden. Allein bei der Windenergie haben sich die spezifischen Kapitalkosten in den letzten beiden Dekaden jeweils fast halbiert. Weitere Kostensenkungen sind aber noch nötig. Sieht man sich beispielsweise die Stromgestehungskosten der heute verfügbaren Technologien für Einsatzbedingungen in Europa an, stellt man fest, dass zahlreiche Nutzungsoptionen unter günstigen

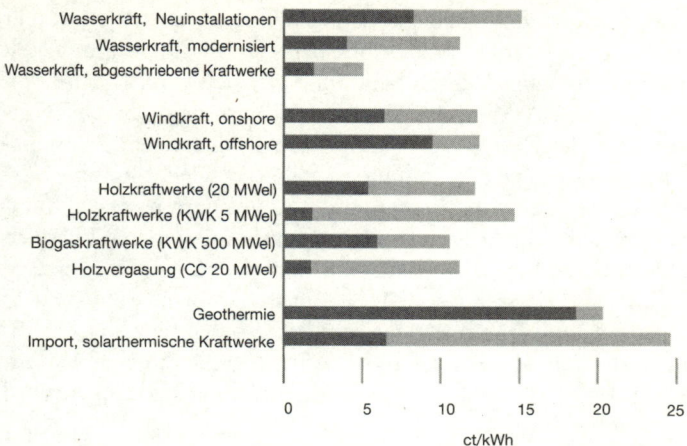

Abb. 16: Übersicht über aktuelle Stromgestehungskosten
bei erneuerbaren Energien in Europa in Abhängigkeit von den örtlichen
Einsatzbedingungen (vgl. dazu konventionelle Stromgestehungskosten
zwischen 4 und 5 ct/kWh) (Quelle: DLR, EREC 2007)*

Einsatzbedingungen zwar bereits die Schwelle der Wirtschaftlichkeit erreicht haben, an anderer Stelle aber noch Weiterentwicklungen notwendig sind.

Die Möglichkeiten zur Kostenreduktion sind dabei vielfältig. Sie entstehen aus Lerneffekten, Technologiesprüngen (z. B. der Übergang auf Dünnschichtsolarzellen) und einer dynamischen Marktentwicklung (Masseneffekte). Als vergleichsweise junge Technologielinie steht dieser Prozess bei vielen Nutzungsoptionen erneuerbarer Energien noch relativ am Anfang.

Dies unterscheidet erneuerbare Energien auch von der konventionellen Stromerzeugung (z. B. in Kohlekraftwerken), wo zwar zukünftig auch noch technologische Verbesserungen zu erwar-

---

* Die Abbildung umfasst aus darstellerischen Gründen nicht die Photovoltaik, für die Stromgestehungskosten von 25 bis 50 ct/kWh zu kalkulieren sind. Die dargestellten erneuerbaren Energieoptionen weisen zudem zum Teil unterschiedliche Systemeigenschaften auf wie die konventionelle Stromerzeugung (fluktuierende Einspeisung), die einen direkten Vergleich nicht möglich machen.

ten sind, die zu Kosteneinsparungen führen, der Prozess aber nach den großen Entwicklungssprüngen in den vergangenen Jahrzehnten nun deutlich langsamer vor sich geht. Darüber hinaus ist zu beachten, dass Kostensenkungseffekte bei der Nutzung fossiler Energieträger durch zeitgleich steigende Energieträgerpreise ganz oder zumindest teilweise wieder kompensiert werden. Vor diesem Hintergrund ist zu erwarten, dass zumindest mittelfristig die Stromerzeugung aus erneuerbaren Energien konkurrenzfähig zur Verfügung stehen wird. Dies gilt erst recht, wenn für die konventionelle Stromerzeugung Kosten für das entstandene CO_2 einbezogen werden (Kosten für CO_2-Zertifikate aus dem Emissionshandel) oder sogar von einer Abtrennung des CO_2 aus dem Kraftwerksprozess ausgegangen wird (CO_2-Abscheidung).

Die mit dem Ausbau erneuerbarer Energien verbundenen Kosten hängen damit ganz maßgeblich mit der Entwicklung der fossilen Energieträgerpreise zusammen. In der Regel stellt man die Differenzkosten zu einer alternativen konventionellen Energiebereitstellung dar, wenn man zukünftige Ausbaupfade wirtschaftlich zu bewerten versucht. Jüngsten Untersuchungen für Deutschland (Leitszenario des Bundesumweltministeriums 2007) zufolge würden selbst in einem engagierten Ausbaupfad erneuerbarer Energien schon ab dem Jahr 2025 keine Differenzkosten (kumuliert betrachtet über die Sektoren Stromerzeugung, Wärmebereitstellung und Kraftstoffe) mehr entstehen, wenn man von einem weiteren deutlichen Anstieg der Energieträgerpreise ausgeht. Dies setzt zudem voraus, dass sich die erneuerbaren Energien weltweit weiter positiv entwickeln, die Marktdynamik ungebrochen ist, technische Neuerungen umgesetzt werden und zu signifikanten Kostendegressionen führen.

Auch wenn aufgrund der vielen Unsicherheiten bei Kostenprojektionen eine zeitgenaue Terminierung des Sprungs über die Wirtschaftlichkeitsschwelle nicht möglich ist, steht doch fest, dass sich der Ausbau erneuerbarer Energien langfristig lohnen wird und nicht nur zu umwelt- und klimapolitischen Vorteilen führt, sondern gegenüber den konventionellen Alternativen auch zu wirtschaftlichen Vorteilen. In jedem Fall stellen erneuerbare

Energien eine Absicherung gegenüber den volatilen und wenig beeinflussbaren Energieträgerpreisen dar.

Entscheidenden Einfluss auf die Differenzkosten eines Ausbaupfads für erneuerbare Energien hat der Bereich der Stromerzeugung. Im angesprochenen Leitszenario ist er für deutlich mehr als die Hälfte der entstehenden Kosten verantwortlich. Das entscheidende Instrument zur Markteinführung erneuerbarer Energien in der Stromerzeugung in Deutschland ist das Erneuerbare-Energien-Gesetz (EEG). Die Verabschiedung dieses Gesetzes im Jahr 2000 ist maßgeblich für die dynamische Entwicklung verantwortlich, die dieser Sektor in den letzten Jahren genommen hat. Denn das EEG verpflichtet die Netzbetreiber zur vorrangigen Aufnahme von Strom, der aus erneuerbaren Energien erzeugt wird. Für den eingespeisten Strom wird über einen fixen Zeitraum von bis zu 20 Jahren eine feststehende Vergütung gewährt, die sich je nach Energieform (z. B. Windenergie, Solarenergie) unterscheiden kann. Für besonders innovative Verfahren wird ein zusätzlicher Bonus gewährt. Für die Betreiber entsteht somit ein hohes Maß an Investitions- und Planungssicherheit. Die mit der Einspeisung entstehenden Differenzkosten gegenüber der konventionellen Strombeschaffung der Unternehmen werden über ein Umlageverfahren (mit spezifischen Härtefallklauseln für die stromintensive Industrie) ausgeglichen und letztlich an die Verbraucher (verursachergerecht, d. h. je kWh) weitergereicht.

Das EEG beeinflusst so direkt die Verbraucherpreise für Strom. Vor diesem Hintergrund stellt sich die Frage nach den Belastungen, die hierdurch für die Verbraucher entstehen. Sie sind der Preis, die der Stromkunde bereit sein muss zu tragen, damit erneuerbare Energien sukzessive in den Strommarkt eingeführt werden, und sie bestimmen letztendlich auch mit über die Akzeptanz erneuerbarer Energien. Bezieht man sich auf einen Durchschnittshaushalt, so betrug die aus dem EEG resultierende Belastung der Verbraucher im Jahr 2005 etwa 1,60 Euro pro Monat. Bezogen auf die Gesamtrechnung entfielen damit rund 3 % auf die Unterstützung der erneuerbaren Energien.

Abbildung 17 stellt die gleichen Relationen bezogen auf den

Preis einer kWh Strom dar. Dabei wird deutlich, dass die kosten-
bestimmenden Größen neben der Stromerzeugung selbst vor
allem bei der Netznutzung und der Summe der steuerlichen Auflagen (z. B. Stromsteuer) zu sehen sind. Auch wenn die aus dem
EEG resultierende Belastung in den nächsten Jahren im Zuge des
sukzessive ansteigenden Marktanteils erneuerbarer Energien weiter ansteigen wird, wird sie im Verhältnis zu den anderen Kos-
tenfaktoren von untergeordneter Bedeutung bleiben. Folgt man
dem oben skizzierten Leitszenario des Ausbaus erneuerbarer
Energien, lässt sich abschätzen, dass spätestens gegen Ende des
nächsten Jahrzehnts für die Haushalte mit monatlichen Bei-
trägen zwischen 2,75 und 2,80 Euro die maximale Belastung
erreicht sein wird. Der über das EEG induzierte Ausbau erneuerbarer Energien führt damit auch langfristig zu vergleichsweise
moderaten Kosten. Für die Stromkunden wird auf der Kosten-
seite entscheidender sein, dass die Bemühungen der Regulie-

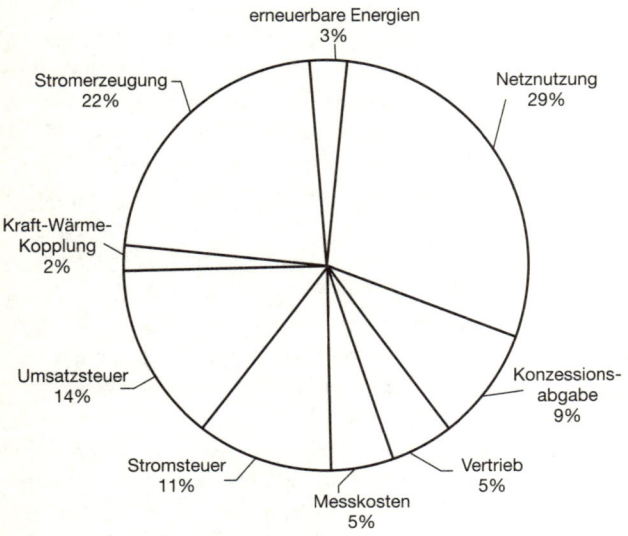

Abb. 17: Kostenbestandteile des Strompreises für private Verbraucher
(der Durchschnittspreis für private Verbraucher lag im Jahr 2005
bei rund 19,6 ct/kWh

rungsbehörde, die Netznutzungsgebühren zu senken, erfolgreich sind und insgesamt die Wettbewerbsbedingungen im Strommarkt verbessert werden..

Vor diesem Hintergrund ist davon auszugehen, dass die Verbraucher das heute etablierte umlagefinanzierte Verfahren auch weiter unterstützen werden. In Umfragen erklärt sich regelmäßig der überwiegende Anteil der Bevölkerung bereit, mehr für den Strom auszugeben, wenn dieser zu höheren Anteilen auf erneuerbaren Energien beruht.

Volkswirtschaftlich betrachtet ist zudem zu berücksichtigen, dass mit der Nutzung erneuerbarer Energien im Bereich der Stromerzeugung in erheblichem Umfang externe Kosten vermieden werden. Dies sind Kosten, die sich in der Stromrechnung bisher nicht oder zumindest nicht vollständig wiederfinden und beispielsweise auf emissionsbedingte Umweltschäden (z. B. an Ökosystemen, Gebäuden) zurückzuführen sind. Im Vergleich zu Kohlekraftwerken (3–6 ct/kWh) oder Gaskraftwerken (1–2 ct/ kWh) liegen die externen Kosten der erneuerbaren Energien nach Analysen der Europäischen Union (ExternE-Studie 2005) je nach Technologie um eine, zum Teil sogar bis zu zwei Größenordnungen niedriger.

Darüber hinaus ist mittlerweile ein weiterer Effekt zu beobachten, der die von den Verbrauchern zu tragenden Belastungen relativiert. Ungeachtet der Tatsache, dass der Strom aus erneuerbaren Energien an der Strombörse (noch) nicht gehandelt wird, nimmt er doch zunehmend Einfluss auf die Börsenpreise. Dabei sind zwei unterschiedliche Effekte zu unterscheiden. Durch die Stromeinspeisung verändert sich zum einen die so genannte Merit order der Kraftwerke. Sie bestimmt, welche Kraftwerke zur Deckung der aktuellen Stromnachfrage zum Einsatz kommen. Der Börsenpreis wiederum orientiert sich dabei an dem so genannten Grenzkraftwerk, d. h. demjenigen Kraftwerk, das gerade noch gebraucht wird, um die Nachfrage zu decken. Durch die Einspeisung kann nun ein Kraftwerk aus der Merit order gewählt werden, das zu etwas günstigeren Konditionen Strom bereitstellen kann. Während im Normalfall der Unterschied eher gering sein dürfte, sind im Extremfall durchaus beträchtliche Preisunterschiede zu erwarten. So wird bei hoher aus konventionellen Kraftwerken zu deckender Nachfrage das Grenzkraftwerk ein Gaskraftwerk sein (mit Kosten zwischen 5 und 6 ct/kWh), während bei geringer Restnachfrage die Chance besteht, diese weitgehend über Kohlekraftwerke (mit spezifischen Kosten zwischen 4 und 4,5 ct/kWh) abzudecken.

Der zweite an der Börse preismindernde Effekt ist auf den Emissionshandel zurückzuführen. Dadurch, dass erneuerbare Energien im Stromsektor bereits einen erheblichen Beitrag zur Reduktion der CO_2-Emissionen leisten, verringern sie bei feststehenden Gesamtzielen den Druck auf den Sektor insgesamt und führen in der Tendenz zu geringeren Preisen für die Emissionszertifikate. Der preismindernde Effekt ergibt sich dadurch, dass die Zertifikatskosten trotz kostenloser Verteilung durch den Staat – dem Opportunitätsprinzip folgend – heute vollständig auf die Strompreise umgelegt werden.

Mittelfristig ist schließlich zu erwarten, dass Strom aus erneuerbaren Energien selber zur Handelsware an der Börse wird. Erste Entwicklungen gehen in diese Richtung. Die grundlegende Idee ist beispielsweise, Windkraftwerke zu bündeln (zu poolen) und den Windkraftstrom stundenweise an der Börse anzubieten. Möglich wird dies über sehr effiziente Prognosesysteme. Ein Handel ist immer dann vorgesehen, wenn die Windenergieprognose für den nächsten Tag einen hinreichenden Windstromertrag vorhersagt und wenn der zu erzielende Preis an der Börse für den Handelszeitraum über dem EEG-Einspeisetarif zuzüglich eines Risikozuschlags liegt. Auch wenn die derart gehandelte Windstrommenge zunächst klein sein wird und zur Vermeidung von «Rosinenpicken» noch eine EEG-kompatible Regelung für derartige Aktivitäten gefunden werden muss, werden durch derartige Maßnahmen doch zahlreiche Erfahrungen gesammelt, die bei voranschreitender Kostendegression der Windstromerzeugung einen Übergang in den Börsenhandel perspektivisch vorbereiten.

6. Energieeffizienz und erneuerbare Energien: Nur gemeinsam eine Formel für die Energiewende

Die Systemintegration der erneuerbaren Stromerzeugung ist also auf dem Vormarsch und sie wird zunehmend zur Routine. Auf der anderen Seite sind vor allem im Wärme- und Verkehrssektor die Anteile der erneuerbaren Energien noch recht bescheiden. Daher bleibt die Kernfrage zu beantworten: Können der Wettlauf mit der Zeit gewonnen und die Risiken der bisherigen Energieversorgung noch rechtzeitig begrenzt werden? Diese Frage kann nur dann vorbehaltlos mit Ja beantwortet werden, wenn im Norden wie im Süden ab sofort nicht mehr die fossil-nuklearen Strukturen der Vergangenheit, sondern szenariengestützte, kombinierte Zukunftsstrategien aus Effizienz und erneuerbaren Energien als Energieleitbilder und als Richtschnur für Investitionsentscheidungen zu Grunde gelegt werden.

Denn die großtechnische und nuklear-fossile geprägte Energieversorgung stößt zunehmend an ihre Grenzen. Dies betrifft nicht nur die stetig bedeutsamer werdende Ressourcenverknappung, sondern vor allem auch die sich aus den Gefahren des Klimawandels ergebenden Restriktionen. Es ist vor diesem Hintergrund nicht vorstellbar, derartige Versorgungsstrukturen dauerhaft fortzuschreiben oder gar als Modell auf die wachsende Weltbevölkerung und damit neun bis zehn Milliarden Menschen zur Mitte des Jahrhunderts zu übertragen. Die zunehmende Ablehnung der nuklear-fossilen Energieversorgung durch die Öffentlichkeit hängt mit der stetig, scheinbar naturgesetzlich steigenden Einsatzmenge an Energie, mit dem hohen Risikopotenzial, mit der zeitgleichen Erschöpfbarkeit der Ressourcen, mit der Monopolisierbarkeit der Primärenergiebasis und mit den Demokratiedefiziten hoch zentralisierter Verbund- und Erzeugungssysteme zusammen. Diese immanenten Schwächen weisen die meisten dezentralen Anwendungen nicht auf. Dies macht auch die ungeheure Stärke, die hohe gesellschaftliche Akzeptanz und das unschlagbare Zukunftspotenzial der erneuerbaren Energien aus.

Dies mag auch die Euphorie erklären, mit der einige Verfechter der erneuerbaren Energien zuweilen Verheißungen predigen, die an die alten Legenden aus der Geschichte der Energieversorgung erinnern. Vor allem wird dabei immer wieder das imponierende und weitgehend unerschöpfliche globale Potenzial der erneuerbaren Energien mit deren Verfügbarkeit vor Ort und in der notwendigen Zeitspanne verwechselt und die Komplexität der technischen Nutzungen (z. B. der so genannten «Wasserstoffwirtschaft») sowie die Probleme der Finanzierbarkeit vor allem für den Süden werden zum Teil schlicht ignoriert. Denn auch erneuerbare Energien haben Risiken und Nebenwirkungen, wenn auch mit anderen Qualitäten sowie mit erheblich begrenzten Dimensionen im Vergleich zu den konventionellen Energieformen (Ausnahme: die Risiken beim Bruch großer Staudämme).

Doch diese Effekte der Nutzung erneuerbarer Energien sind durch eine entsprechende Gestaltung der energiepolitischen Rahmenbedingungen prinzipiell steuerbar, sei es durch die Vorgabe von Qualitätskriterien, die Einführung von Zertifizierungssystemen oder spezifische wirtschaftliche Anreizsysteme. Schwerer wiegen da schon die zum Teil noch hohen Kosten erneuerbarer Energien, die einer breiten Markteinführung noch restriktiv gegenüber stehen. Sobald die wegen der Berücksichtigung der externen Kosten oder der Energiepreise steigenden Kosten der konventionellen Energien durch die Kostensenkung der erneuerbaren Energien (durch Massenproduktion und Lerneffekte) unterboten werden, entfiele aber dieser heute wohl gravierendste Einwand gegen die erneuerbaren Energien: die fehlende Wettbewerbsfähigkeit.

Wie lange wird es dauern, bis die Wirtschaftlichkeitsschwelle erreicht ist? Nach seriösen Szenarien können es 15 Jahre oder auch 25 Jahre sein, bis der Mix der erneuerbaren Energien (ohne Berücksichtigung externer Kosten) wettbewerbsfähig ist. Einzelne Technologien werden dieses Etappenziel sicherlich deutlich früher erreichen oder sind heute schon zu attraktiven Konditionen einsatzfähig. Das Hauptproblem dabei ist: Der Menschheit verbleiben nur noch etwa ein, maximal anderthalb Jahrzehnte (Schellnhuber 2006), um durch forcierte Markteinführung der erneuerbaren Energien ganz energisch auf einen klimaverträglicheren und ressourcensparenden Kurs umzusteuern. Vor diesem Hintergrund muss gesehen werden, dass der Weltmarkt für erneuerbare Energien noch weitgehend ein politisch kreierter Markt ist und dass die zweistelligen Zuwachsraten sowie die positiven Entwicklungsaussichten z. B. der meisten Solarfirmen noch abhängig von staatlich regulierter Anschubfinanzierung und Anreizen sind.

Eine politische Unterstützung zur Fortentwicklung der erneuerbaren Energien und zum Anreiz technologischer Innovationen wird auch weiter notwendig sein. Doch nur auf erneuerbare Energien zu setzen wird nicht reichen. Ohne eine Effizienzrevolution wird es die notwendige radikale Energiewende nicht geben. Das Ziel und der Weg zu einer Effizienz- und Solarenergiewirtschaft ist jedoch nicht nur ein technisches, sondern vielleicht sogar in erster Linie ein sozioökonomisches Projekt. Es ist in Deutschland vor allem das Verdienst von Hermann Scheer (Scheer 2005), dies für die erneuerbaren Energien nachgewiesen und mit großem persönlichem Einsatz notwendige politische Schritte zur Unterstützung der nationalen und weltweiten Markteinführung eingeleitet zu haben. Der Mangel vieler vorliegender Analysen und Konzepte ist jedoch, dass die Verbindung zur Effizienzrevolution häufig ignoriert wird (in besonderer Weise gilt dies für Rifkin und seine überzogenen Vorstellungen von einer solaren Wasserstoffwirtschaft, Rifkin 2002), die den gesellschaftsverändernden Strukturwandel der erneuerbaren Energien erst ermöglicht.

Besonders problematisch ist, dass von einigen Befürwortern der erneuerbaren Energien der trügerische Eindruck vermittelt wird, die Solarenergiewirtschaft lasse sich – unabhängig von einem weiter steigenden Energieverbrauch – in zwei bis drei Jahrzehnten realisieren, wenn die Politik nur wollte und die Energiemonopole zerschlagen würden. Dies ist in mehrfacher Hinsicht eine Illusion, die nicht nur falsche Erwartungen weckt, sondern möglicherweise auch die notwendige forcierte Markteinführung der erneuerbaren Energien in Frage stellt. In der Realität

gibt es eine Vielfalt von technischen und ökonomischen Gründen, die es eigentlich geboten erscheinen lassen, rigoros zu for-
dern: kein Solarprojekt ohne Effizienzkomponente, keine forcierte Markteinführungsstrategie der erneuerbaren Energien ohne
eine systematische Verzahnung mit einer strategischen Effizienz-
initiative! Leider ist die Realität von einer solchen integrierten
Strategie noch weit entfernt und daher ist noch keineswegs sicher,
dass das nuklear-fossile Energiesystem durch das Solarzeitalter
abgelöst werden kann, noch bevor katastrophale Verwerfungen
eintreten.

Denn die Tatsache, dass die Klima- und Ressourcenprobleme
bei ungebremstem Nachfragezuwachs das herrschende nuklear-
fossile Energiesystem vor unlösbare Probleme stellen, rechtfer-
tigt noch nicht den Umkehrschluss, dass ein erneuerbares Ener-
giensystem bei gleichem Nachfragewachstum ohne Probleme
realisierbar wäre. Kein Experte hat zum Beispiel für diesen Fall
den globalen Material-, Flächen- und Kapitalaufwand eines
vollständig erneuerbaren Energiensystems für zehn Milliarden
Menschen abgeschätzt und in allen Wirkungen bedacht. Eine
noch so ambitionierte Angebotsdiversifizierung durch erneuerbare Energien wird nicht ausreichen, die Klima-, Material- und
Flächenprobleme nachhaltig zu lösen, wenn die Energienachfrage wie bisher ungebremst ansteigt.

Was die Anbieter konventioneller Energien, aber auch die Akteure der erneuerbaren Energien bis heute zu Teilen als Zumutung
empfinden, ist die Forderung, dass nicht nur die Verbraucher, sondern auch die Produzenten Verantwortung für das zweifellos
nicht nachhaltige Wachstum der Energienachfrage übernehmen müssen. Produktverantwortung fordert das deutsche Kreis-
laufwirtschaftsgesetz für alle «Abfall»-Produzenten, d. h. für
das Ende des Lebenszyklus materieller Produkte. Warum nicht
Gleiches für so gefährliche «Abfälle», wie sie mit der Erzeugung
und dem Verbrauch fossil-nuklearer Energieträger verbunden
sind? Und warum nicht auch für die Anbieter erneuerbarer Energien, auch wenn ihre Produkte über die gesamte Prozesskette
weit weniger externe Kosten verursachen als die konventionellen
Alternativen? Das ist nicht nur eine Frage der Glaubwürdigkeit

(«Corporate Social Responsibility») der jungen Branche der erneuerbaren Energien, sondern liegt auch im langfristigen Eigeninteresse aller Energieanbieter.

Szenarien: Ein unverzichtbarer Kompass für notwendige Entscheidungen

Viele Aussagen dieses Buches und insbesondere die zum Klimaschutz beziehen sich auf die ferne Zukunft und auf hochkomplexe Zusammenhänge. Denn das Klimaproblem ist nicht nur global verursacht und nur durch weltweite Anstrengungen lösbar, es hat auch eine außerordentlich prekäre zeitliche Dimension. Wir erleben heute die durch unsere Vorfahren vor 50 Jahren verursachten Klimaänderungen (Latif 2007) und wir belasten unsere Kinder und Enkel durch die heutige, noch weitgehend ungebremste Freisetzung klimawirksamer Gase mit weit höheren Klimafolgen bis zur Mitte dieses Jahrhunderts.

Mit Planungszeiträumen bis zu 50 Jahren sind Unternehmen, Politiker und erst recht private Verbraucher überfordert – es sei denn, die Wissenschaft kommt ihnen zu Hilfe. Denn die Menschheit besitzt keinen besseren Kompass für das Meer zukünftiger Unsicherheiten als Prognosen und Szenarien, solange diese auf modernen Methoden und Analysen sowie auf unabhängigem Sachverstand aufbauen und sich Politik und Experten der begrenzten Aussagefähigkeit bewusst sind.

Prognosen versuchen wahrscheinliche Entwicklungen vorherzusagen, was zweifellos für komplexe Sachverhalte wie das Wirtschaftwachstum oder die Entwicklung des Energiesystems schwierig ist und unvermeidlich bei überraschenden Veränderungen zu erheblichen Soll-Ist-Abweichungen führt; dennoch sind Prognosen zur Eingrenzung von Ungewissheit unerlässlich. Szenarien sind nicht mehr, aber auch nicht weniger als Hilfsmittel zum Entwurf möglichst widerspruchsfreier Zukunftsbilder unter «Wenn-dann»-Bedingungen. Szenarien wollen also keine Aussagen über wahrscheinliche Entwicklungen, aber sehr wohl über mögliche Entwicklungen machen. Sie helfen der Politik Handlungsspielräume einzuschätzen.

Prognosen wie Szenarien hängen von Annahmen und dem methodischen Geschick ihrer Konstrukteure sowie der Angemessenheit der angewandten Modelle und der Datenverfügbarkeit ab. Politisch relevante Szenarien setzen z. B. bestimmte quantitative CO_2-Reduktionsziele für den Klimaschutz für konkrete Zeiträume (z. B. 2020, 2050) voraus («Zielszenarien») und fragen dann, mit welchen technischen Systemen und mit welchen sozioökonomischen Implikationen diese Ziele erreicht werden können. Meist vergleichen sie diesen Zielpfad mit einem Referenzpfad; in dem versucht wird, «Business as usual» (BAU) (also die Folgen einer unveränderten oder jetzt schon eingeleiteten Politik) möglichst quantitativ vorherzusagen. Im Gegensatz zur Prognose des Trends (BAU, Referenzpfad) beabsichtigen Szenarien also keine Vorhersagen, wie die Entwicklung verlaufen wird, sondern wie sie unter den jeweils veränderten Basisannahmen (zu bestimmten Politiken, Maßnahmen, Verhaltensmustern) verlaufen könnte.

In alternativen Zukunftsentwürfen für die Energie von morgen zu denken ist heute unabdingbar. Denn niemals in der Geschichte der Energiewirtschaft war innovatives Denken in konsistenten, alternativen Zukunftsoptionen wichtiger als heute, wo nur noch radikale Alternativen zukunftsfähig sind, das Beharren auf dem Althergebrachten unverantwortlich ist und zugleich die Komplexität der Fragestellung und die Unsicherheiten zugenommen haben.

Im Folgenden wollen wir zunächst global und später dann für Deutschland die wichtigsten Ergebnisse solcher Szenarien zusammenfassen – als Kompass, um im Meer der Unsicherheiten einen robusten Kurs zu einem nachhaltigen Energiesystem steuern zu können.

Die Kernaussagen von Szenarienanalysen zu langfristigen Perspektiven des Energie- und Stromsystems lassen sich in folgenden acht Thesen zusammenfassen:

1. Der **«Energiehunger» im Süden** kann gestillt werden, wenn – ohne Wohl-standseinbuße – der vermeidbare Pro-Kopf-Energieverbrauch im **Norden** re-duziert und eine Energiewende zur Energieeffizienz- und Solarenergiewirtschaft realisiert wird.

2. Eine **Energiewende-Strategie** baut auf drei unverzichtbaren **«grünen Säulen»** auf: rationelle Energienutzung auf der Nachfrage- und Angebotsseite (z.B. durch Kraft-Wärme-(Kälte-)Kopplung) und erneuerbare Energien. Eine **einseitige Forcierung einer der Optionen** ist zu teuer und gefährdet de-ren Erfolg.

3. Der Klimawandel und die damit verbundenen **unternehmerischen Risiken** müssen bei langfristigen Energie-Infrastruktur-Planungen (z.B. Kraftwerkspla-nungen) antizipiert werden, um «stranded investments» und langfristige Klima-belastungen zu vermeiden.

4. Die **Kraftwerkstechnik** steht im Norden wie im Süden **vor erheblichen Herausforderungen**: Sie wird «cleaner», «leaner» und «greener» werden müssen. Einen maßgeblichen Beitrag dazu kann die Vielfalt der erneuerbaren Energien leisten. Offen, aber als strategische Option für den Klimaschutz letzt-lich wenig bedeutsam ist die Rolle der Kernenergie und ihre Akzeptanz in ver-schiedenen Ländern.

5. Klimaschutz (mit mittelfristigen Minderungszielen von 30 bis 40% CO_2-Re-duktion) **rechnet sich für reiche Volkswirtschaften**; der **staatlich be-schleunigte** Strukturwandel kreiert Leitmärkte für Effizienz und Zukunfts-energien mit erheblichen Jobeffekten; aber nicht alle gewinnen. Vorbereitungen für weiter gehende Minderungen (80% bis zur Mitte des Jahrhunderts) müssen heute getroffen werden, um «lock in»-Situationen (teure Sackgassen) zu ver-meiden.

6. Der **Ausstieg aus der Kernenergie** ist in Deutschland wirtschafts- und klima-verträglich realisierbar. Er schafft Anreize für Investitionen und Innovationen bei risikoarmen Alternativen. Insofern gibt es keinen sachlichen Grund für eine Lauf-zeitverlängerung. Im Gegenteil, der Ausstieg beschleunigt und festigt den ohne-hin notwendigen Strukturwandel und die Vorreiterrolle Deutschlands.

7. Deutschlands Energiesystem steht **vor einer Verzweigungssituation**: Kern-energieausstieg und Klimaschutz sind nur realisierbar, wenn a) der Energieeffizi-enz Vorrang eingeräumt und b) der Kraftwerkspark u.a. basierend auf erneuer-baren Energien stärker dezentralisiert wird.

8. Widersprüchliche Leitziele und Sparteninteressen dominieren die energiepoli-tischen Diskussionen in Deutschland. Eine **gesellschaftliche Orientierung** muss auf einem langfristigen «Leitszenario» und auf einem Zielkonsens auf-bauen.

Weltenergie am Wendepunkt:
Zwischen Energiehunger und Überfluss

Ein Blick in traditionelle, angebotsorientierte Zukunftsprojektionen[*] des weltweiten Energiesystems zeigt ein überaus düsteres Bild: Noch heute verfügen rund zwei Milliarden Menschen über keinen Zugang zu Elektrizität. Der Pro-Kopf-Verbrauch in armen Ländern im Süden, die wenigstens bescheidenen Zugang zu Energie haben (z. B. in Haiti 0,26 toe/Kopf), ist – gemessen am Verbrauch eines Deutschen (4,13 toe/Kopf) und erst recht eines US-Amerikaners (8,35 toe/Kopf) – verschwindend gering. Traditionelle Weltenergieprojektionen, die diese verschwenderischen Energieverbrauchsstrukturen der Industrieländer in die Zukunft «verlängern» und von einer stark nachholenden Entwicklung jenseits davon ausgehen, rechnen daher im Regelfall für die nächsten Jahrzehnte mit einem dramatischen Anstieg des Weltenergieverbrauchs vor allem in den Entwicklungs- und Schwellenländern.

Laut der Prognose des aktuellen *World Energy Outlook* der Internationalen Energieagentur (IEA 2006a) steigt im Referenzszenario der weltweite Primärenergieverbrauch bis 2030 von 11 200 Mtoe (2004) auf 17 100 Mtoe (um über 50 %), bei Öl von 4400 Mtoe auf 5600 Mtoe (um ein Viertel) und bei Erdgas von 2300 auf 3900 Mtoe (um 70 %). Infolgedessen steigen auch die energiebedingten jährlichen CO_2-Emissionen bis 2030 um weitere 14 Gigatonnen auf 40 Gigatonnen. In einer weiteren Veröffentlichung hat die IEA «zur Unterstützung des G8-Aktionsplans» im gleichen Jahr eine Fortschreibung ihrer Szenarien bis 2050 vorgelegt, in dessen Referenzszenario der Kohleverbrauch sich fast verdreifacht, der Erdgasverbrauch um 138 % und der Ölverbrauch um 65 % ansteigt; demnach würden die CO_2-Emissionen sogar auf 58 Gt im Jahr 2050 steigen.

---

[*] Unter dem Begriff «Projektionen» subsumieren wir Szenarien und Prognosen; «angebotsorientiert» bedeutet dabei, dass vorrangig die Diversifizierung des Energieangebots modelliert wird und die Energienachfrage im Trend fortgeschrieben wird. In neueren («nachfrageorientierten») Szenarien wird versucht, auch die Nachfrage und das Energieeffizienzpotenzial so detailliert wie möglich abzubilden.

Was sich im nüchternen Zahlengerüst derartiger typischer Projektionen des Energiezuwachses bis zur Mitte des 21. Jahrhunderts widerspiegelt, ist eine Zukunft sich wechselseitig verstärkender Krisen, Katastrophen und Kriege um Energie, die auch die physischen Grenzen des Energieangebots ignoriert. Aber dieses düstere Zukunftsbild braucht nicht Realität zu werden. Denn der Energieverbrauch muss bei wachsender Bevölkerung nicht zwangsläufig wachsen oder der Zuwachs kann zumindest erheblich begrenzt werden, wenn die Energieintensität (also die pro Wirtschaftseinheit eingesetzte Energiemenge) entsprechend abnimmt. Der dann noch verbleibende Energieverbrauch kann darüber hinaus durch einen wachsenden Anteil erneuerbare Energien zukunftsfähiger und klimaverträglicher gestaltet werden.

Mit anderen Worten: Die traditionellen Zukunftsprojektionen über den Zusammenhang von Energie, Klima und Bevölkerung sind deshalb so düster, weil sie die Möglichkeiten eines naturverträglicheren technischen Fortschritts (forcierte Steigerung der Energieproduktivität; breite Markteinführung der erneuerbaren Energien) und von energiepolitischen Lernprozessen durch erfolgreiche Beispiele nicht oder nicht ausreichend berücksichtigen. Dies hängt auch damit zusammen, dass sich bis in die Methodik und Annahmen der Energieszenarien hinein das Geschäftsmodell fossil-nuklearer Energieanbieter niederschlägt und sich die vorherrschenden Investitions- und Verkaufsplanungen der Energiekonzerne in der Regel stärker widerspiegeln als die Interessen der Nutzer und die Anforderungen einer risikominimierenden Politik.

Neben diesen wirtschaftlichen Interessen gibt es jedoch auch einen psychologischen Grund: Wirtschaftswachstum und Wohlstand werden noch immer mit «sichtbaren MEGAWatts», mit Kraftwerken, Raffinerien und Pipelines, verbunden. Eingesparte Energie dagegen, die «unsichtbaren NEGAWatts», wird mit Verzicht oder gar mit Armut assoziiert. Dass das Vermeiden von unnötigem Energieverbrauch, die Effizienzsteigerung und das Energiesparen die Welt reicher statt ärmer machen, kann man visuell schwer erfassen, man kann es aber konzeptionell intelligent begründen, vorrechnen, messen und praktizieren.

Die weltweite Energiewende ist möglich

Werden ein ambitionierter Klimaschutz (eine weltweite CO_2-Minderung bis 2050 um etwa 50%) und Risikominimierung (d. h. Senkung der Import- bzw. Ölabhängigkeit sowie Verzicht auf Kernenergie) als Leitziele der Energiepolitik akzeptiert, dann ist – trotz Zukunftsungewissheit – die Form des Energiesystems weltweit und national nicht mehr beliebig offen. Eine Orientierungshilfe für heutige Richtungsentscheidungen ist möglich, wenn von diesen gewünschten Leitzielen quasi rückwärts geschaut wird (man spricht von «Back-casting»), ob, mit welchen Strategien und Technologien und mit welchen sozioökonomischen Konsequenzen diese Ziele von heute an erreichbar sind.

Weltweit gibt es über 400 Langfristszenarien (für den Zeitraum bis 2050/2100), die sich bezüglich des Wirtschafts- und Bevölkerungswachstums wie auch der CO_2-Emissionen erheblich unterscheiden. Aber der von den Szenarien suggerierte Schein einer beliebig offenen Zukunft trügt, wenn man Nachhaltigkeitsziele als Notwendigkeit unserer weiteren Entwicklung anerkennt. Legt man beispielsweise die wichtigsten Langfristszenarien hinsichtlich der unterstellten Struktur des Kraftwerksparks in Technologieclustern «übereinander» so ergibt sich hinsichtlich der Angebotstechniken ein verblüffend einheitliches Bild: Die langfristige Zukunft des Stromangebots ist weit dezentraler als heute, d. h., der breite Mix der erneuerbaren Energien (insbesondere Solarenergie) und dezentralen KWK-Technologien wie Brennstoffzellen spielen eine entscheidende Rolle (Riah et al. 2005).

Die für den Klimaschutz zentrale Frage aber ist: Wie entwickelt sich die Energienachfrage? Selbst bei einem Anteil der erneuerbaren Energien von 60% im Jahr 2060, also anspruchsvollen Vorgaben, wie sie beispielsweise im Weltenergieszenario des Ölkonzerns Shell formuliert worden sind (Shell 1995), verdoppeln sich die CO_2-Emissionen. Der Hintergrund hierfür ist typisch für die meisten Weltenergieszenarien, die bis zum Ende des 20. Jahrhunderts entwickelt wurden: sie analysierten mehr

oder weniger detailliert die Diversifizierung des Energieangebots und unterschätzten gewaltig die enormen Potenziale der
Energieeffizienz. Folge hiervon ist, dass der «Sockel» der fossil-
nuklearen Energien und die damit verbundenen Risiken (CO_2-
Emissionen, Nuklearrisiken) in der Regel (in absoluten Größen
betrachtet) weiter ansteigen und dass die erneuerbaren Energien
«additiv» einbezogen werden, um die scheinbar unaufhaltsam
davonlaufende Energienachfrage befriedigen zu können. Wer
hieraus aber die Botschaft zieht, dass wir uns bei den erneuerbaren Energien noch so anstrengen können, der «CO_2-Zug» dadurch aber nicht aufzuhalten sein wird, der irrt. Aus den
Szenarioanalysen müssen wir genau die umgekehrte Botschaft
ableiten: Die Energie- und Klimaproblematik kann durch erneuerbare Energien gelöst werden, aber nur in Kombination mit
einer forcierten Effizienzsteigerung und nur mit einer Entkopp-
lung von Energieverbrauch und Wirtschaftswachstum.

Zur Illustration werden nachfolgend zwei repräsentative nachhaltige Weltenergieszenarien miteinander verglichen, die eine
kombinierte Strategie aus Effizienzsteigerung und Ausbau erneuerbarer Energien unter unterschiedlichen Basisannahmen
illustrieren. Durch diesen Vergleich kann auch vermittelt werden, dass unabhängig von Annahmen über die Entwicklung von
Weltwirtschaft und -bevölkerung sich diese kombinierte Strategie als robust zeigt.

Das erste Beispiel, das so genannte «Faktor-Vier»-Szenario des
Wuppertal Instituts zeigt, dass eine Effizienzsteigerung von jährlich weltweit 2 % (historisch lag diese Rate bei 1 %) ausreichen
würde, um in Kombination mit einer forcierten Markteinführung der erneuerbaren Energien die entscheidende Weichenstel-
lung für ein zukunftsfähiges Weltenergiesystem vorzunehmen.
Der Welt-Primärenergieverbrauch kann trotz dreifach höherem
Weltbruttosozialprodukt bis zum Jahr 2050 nahezu konstant
gehalten werden, wenn der rationellen Energienutzung Priorität eingeräumt wird. Werden gleichzeitig die Markteinführung
der Kraft-Wärme-(Kälte-)Kopplung (KW(K)K) und ein breiter
Mix aus erneuerbaren Energien aktiv gefördert, dann können
die CO_2-Emissionen bis 2050 um etwa 50 % sinken. Im glei-

chen Zeitraum wird es dann möglich, auf die Kernenergie
schrittweise zu verzichten und einen angemessen steigenden
Lebensstandard für 10 Milliarden Menschen sicherzustellen,
eine wichtige weitere Voraussetzung für eine risikoarme Energieversorgung.

Das Szenario geht dabei nicht von höchst unsicheren Prognosen über zukünftig mögliche Basisinnovationen aus, sondern
von der beschleunigten weltweiten Marktdiffusion heute schon
bekannter Hocheffizienztechnologien sowie von deren technologischen Fortentwicklung und Kostendegression durch Massen-
fertigung. Unter günstigen Rahmenbedingungen und verbunden mit Markteinführungsprogrammen sind – so die zentrale
Annahme – innerhalb der nächsten 50 Jahre bei einigen dieser
Schlüsseltechnologien (modernste energieeffiziente Prozesstech-
nik z. B. für Stahl-, Zement- und Papierherstellung, Passiv- und
Plus-Energiehäuser, hocheffiziente Haushaltsgeräte und system-
optimierte elektrische Antriebssysteme, mobile und stationäre
Anwendungen von Brennstoffzellen, superleichte und extrem
energiesparende Fahrzeuge) eine weitgehende Marktdurchdrin-
gung und Kostendegressionen wahrscheinlich.

Hinzu kommt, dass das Verständnis dafür wächst, dass neben
diesen Basiseffizienztechnologien die Systemoptimierung über
gesamte Prozessketten durch integrierte Planung eine enorme
Energie- und Kosteneinsparung ermöglicht. Die in Folge von Effizienzsteigerungen verbesserten Wirkungsgrade multiplizieren
sich nämlich auf jeder Stufe von der Primärenergie über die Endenergie bis zur Energiedienstleistung: Sie ermöglichen z. B. für
Pumpensysteme ein Effizienzsteigerung um den Faktor 10 und
mehr (vom Kraftwerk bis zum Verbraucher gerechnet) auch wenn
bei der Einzelkomponente (also z. B. der Pumpe selber) vielleicht
nur 30 % realisierbar sind.

Für die Umsetzung integrierter Strategien ist zudem die Verbindung von Material- und Energieproduktivitätssteigerungen
wichtig, wodurch noch weitere Effizienzgewinne erzielt werden
können. Durch die generell gestiegenen Rohstoffkosten hat die
Materialkosteneinsparung heute enorm an Bedeutung zugenommen (ADL/FhISI/WI 2005; Aachener Stiftung 2005). Da die Be-

reitstellung, die Verarbeitung, der Transport und die Entsorgung von Material in der Regel mit Energieverbrauch verbunden sind, kann durch Strategien der Materialeinsparung auch erheblich Energie eingespart werden (Deutscher Bundestag 2002; Hennicke 2007a).

Die Plausibilität der Ergebnisse des «Faktor-Vier»-Szenarios wurde seither durch weitere Szenarien gestützt, wie z. B. durch das Szenario des Deutschen Instituts für Luft- und Raumfahrttechnik (DLR) und von Ecofys im Auftrag von Greenpeace für Europa (Greenpeace International 2005) und später auch für die globale Ebene (DLR, EREC 2007). Bis zum Jahr 2050 kann durch ambitionierte Effizienzsteigerungen trotz starken Wachstums der Weltwirtschaft der Energieverbrauch nach zwischenzeitlichem Anstieg auf das Niveau des Jahres 2000 zurückgeführt werden. Bis 2030 wird der weltweite Ausstieg aus der Kernenergie realisiert, und auch ohne sie gelingt es, die CO_2-Emissionen bis 2050 um 50% gegenüber den Werten des Jahres 2000 zu senken. Diese Strategie ist der Studie zufolge weltwirtschaftlich erheblich vorteilhafter, als weiter dem heutigen nicht-nachhaltigen fossil-nuklearen Trend zu folgen. Auch andere Untersuchungen zeigen weltweit die hohen Potenziale, die durch Energieeinsparungen wirtschaftlich realisierbar sind (Pacala/Socolow 2004, Mc Kinsey 2007, World Bank 2006).

Das zweite Szenario wurde vom Wissenschaftlichen Beirat der Bundesregierung für Globale Umweltveränderungen (WBGU) auf der Grundlage eines Szenarios des IPCC von 2003 (A1T) entwickelt (WBGU 2003). Der WBGU wollte damit zeigen, dass das Weltenergiesystem und die damit verbundenen CO_2-Emissionen so gesteuert werden können, dass die globale Mitteltemperatur nicht über 2 °C anzusteigen braucht. Diesem Temperaturanstieg entspricht nach den Berechnungen des WBGU eine Begrenzung der Konzentration der äquivalenten CO_2-Emissionen auf etwa 450 ppm.

Auch das WBGU-Szenario spart durch eine Beschleunigung der Energieproduktivität gegenüber dem angenommenen Referenzpfad etwa 30% Primärenergie ein. Allerdings wird ein höheres Wirtschaftswachstum angenommen und die Energieproduktivität steigt mit 1,6% pro Jahr geringer an als im »Faktor-Vier«-Szenario. Die Folge davon ist, dass weit stärker auf den Ausbau der Solarenergie gesetzt und zudem in erheblichem Umfang auf die technische Zurückhaltung von CO$_2$ in fossilen Kraftwerken zurückgegriffen werden muss, um die CO$_2$-Emissionen auf das erforderliche Maß abzusenken. Trotz des massiven Ausbaus der Solarenergie geht auch der WBGU davon aus, dass im Vergleich zu allen zuvor vom Weltklimarat errechneten Szenarien das vorgelegte Nachhaltigkeitsszenario das kostengünstigste ist.

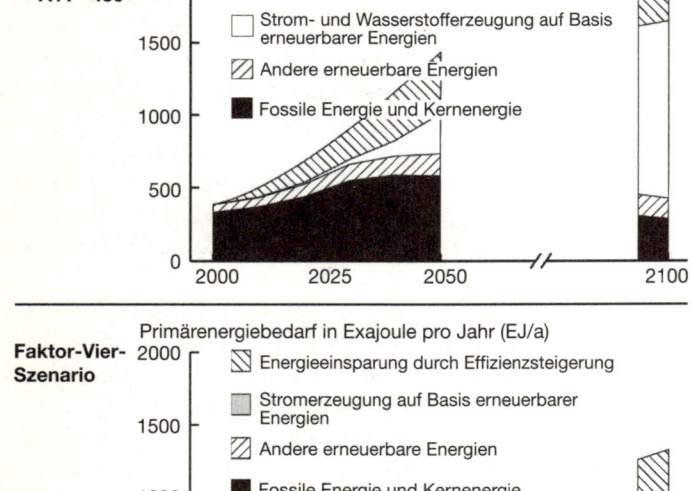

Abb. 18: Vergleich der Beiträge von Energieeffizienz und erneuerbaren Energien in zwei repräsentativen langfristigen Weltenergieszenarien

Aus dem Vergleich ergeben sich einige zentrale Thesen, die hinsichtlich der «Machbarkeit» eines nachhaltigen Weltenergiesystems verallgemeinert werden können:

1. Es ist grundsätzlich möglich, mit heute bekannten Techniken den Klimawandel im 21. Jahrhundert innerhalb des «tolerierbaren Fensters» (nicht mehr als 450 ppm und maximal 2 °C Temperaturanstieg) zu begrenzen. Dies gelingt jedoch nur durch einen sofortigen und radikalen Strategiewechsel, d. h. durch einen forcierten Anstieg der Energieeffizienz und gleichzeitig die beschleunigte Markteinführung erneuerbarer Energien. Zusätzlich kann unter dieser Bedingung weltweit bis zur Jahrhundertmitte auf die Atomenergie verzichtet werden.

2. Eine derartige «Klimaschutz»-Strategie erfüllt auch weitere Bedingungen eines nachhaltigen Energiesystems. In ökonomischer Hinsicht ist sie mittel- und langfristig kostengünstiger als die Alternativen, die auf mehr fossile Energieträger setzen, sie verringert insbesondere die Abhängigkeit von volatilen Energieträgerpreisen. In sozialer Hinsicht hat sie Vorteile, weil sie international nicht nur Klima- und Atomrisiken abbaut, sondern z. B. auch durch sinkende Importabhängigkeiten geostrategische Konflikte reduziert. In nationaler Hinsicht wird durch die größere Vielfalt der Anbieter die Angebotsmacht auf dem Energiemarkt begrenzt, und die Dezentralität der Erzeugung nimmt zu. Insofern hat ein nachhaltigeres Energiesystem ein immanentes Demokratisierungspotenzial.

3. Aus heutiger Sicht gibt es für eine engagierte Klimaschutzstrategie noch begrenzte Entscheidungsalternativen. Gelingt es nicht, die Effizienzsteigerung erheblich zu erhöhen (z. B. nur in dem Umfang wie im WBGU-Szenario), dann muss der Ausbau der erneuerbaren Energien erheblich ambitionierter vorangetrieben werden und auch die CO_2-Sequestrierung in beträchtlichem Umfange als «Brücke» zur Solarenergie genutzt werden.

4. Globale Szenarien für eine nachhaltige Energieversorgung vermitteln an die Entscheidungsträger in Wirtschaft und Po-

litik daher eine eindeutige Botschaft: Werden die zentralen Annahmen für das Zielsystem (ausreichender Klimaschutz, Risikominimierung) akzeptiert, werden sich die technologischen Strategien zur Erreichung dieses Ziels und die notwendigen Energiepolitiken nur graduell unterscheiden. Trotz aller Zukunftsungewissheit und verwirrenden Szenarienvielfalt sind eine raschere Beschleunigung der Marktdiffusion von Effizienztechniken und von erneuerbaren Energien und der damit verbundene Trend zu mehr Dezentralisierung eine conditio sine qua non für ein nachhaltigeres Energiesystem und eine klimaverträglichere Weltenergieversorgung.

5. Die Weltenergieszenarien bestätigen auch die These, dass bei einer zurückhaltenden Ausschöpfung der vorhandenen Energieeffizienzpotenziale die Lösung der Energieprobleme zwar grundsätzlich möglich bleibt, aber schwieriger, teurer und riskanter wird.

7. Die Effizienzrevolution:
Triebkräfte und Hemmnisse

Eine beschleunigte Steigerung der Energieeffizienz («eine Effizienzrevolution») ist daher der notwendige Wegbereiter für eine klimaverträgliche und stark durch erneuerbare Energien geprägte Energiewirtschaft. Aber wie kann dies erreicht werden, wie kann man sich eine Effizienzrevolution konkret vorstellen und wie könnte ihre Umsetzung erfolgen?

Das Leitbild: Die «2000-Watt-pro-Kopf-Gesellschaft»

Verteilt man den heutigen Gesamtenergieverbrauch Europas auf seine Einwohner, dann ergeben sich im Durchschnitt rd. 52 500 Kilowattstunden pro Kopf, das entspricht bei 8760 Stunden pro Jahr rein rechnerisch einer Dauerleistung von etwa 6000 Watt pro Kopf. Würde die Weltbevölkerungsmehrheit im Süden genauso viel verbrauchen wollen, würde die Welt in Klimachaos und Ressourcenkriegen versinken.

Dieser Widerspruch zwischen zuviel Energie im Norden und Energiearmut im Süden ist nur dann lösbar, wenn in den Industrieländern der Pro-Kopf-Energieverbrauch (nicht das Niveau an Energiedienstleistungen) drastisch gesenkt wird (Kontraktion) und zugleich die Entwicklungsländer ihren steigenden Bedarf an Energiedienstleistungen mit nur moderat wachsendem Pro-Kopf-Energieverbrauch decken und sich so einem naturverträglichen und auskömmlichen Durchschnittsniveau annähern können (Konvergenz).

Dass dies möglich ist, zeigt die Schweizer Studie «Steps Towards a Sustainable Development» (Jochem 2004): Der Pro-Kopf-Energieverbrauch kann in Europa und tendenziell in allen OECD-Ländern bis zum Jahr 2050 auf ein Drittel gesenkt werden. Möglich ist dies, weil Ingenieurskunst bereits für alle Energieverbrauchssektoren so hocheffiziente Fahrzeuge, Gebäude, Produktionsprozesse oder Haushaltsgeräte entwickelt hat, dass aus jeder eingesetzten Kilowattstunde im Vergleich zu heute der vier- bis fünffache Nutzen bereitgestellt werden kann. Aus den heutigen verschwenderischen «6000-Watt-pro-Kopf-Gesellschaften» könnten so in etwa 50 Jahren bei universellem Einsatz von bereits heute (zumindest als Prototyp) bekannten Hocheffizienztechniken wirtschaftlichere, gerechtere und umweltverträglichere «2000-Watt-pro-Kopf-Gesellschaften» entstehen. Gleichzeitig kann die Wirtschaftsleistung bis 2050 noch einmal erheblich anwachsen, Energieverbrauch und Wirtschaftswachstum könnten also drastisch entkoppelt werden – ohne Wohlstandseinbuße und viel schneller, als dies bisher passiert. Technisch gesprochen: Der wirtschaftliche Nutzen pro eingesetzter Kilowattstunde, die Energieeffizienz oder Energieproduktivität, kann bis 2050 im Norden um den Faktor vier bis fünf gesteigert werden. Senkt der reiche Norden seinen Pro-Kopf-Verbrauch auf den Zielwert von 2000 Watt pro Kopf und bremst moderne Effizienztechnik den Anstieg des Pro-Kopf-Verbrauchs im Süden, dann kann die globale Entwicklung langfristig etwa auf eine nachhaltige «2000-Watt-pro-Kopf-Weltgesellschaft» konvergieren.

Nach der Schweizer Studie muss also die Effizienz die Führungsrolle spielen. Die Begründung hierfür liegt in den äußerst verlustreichen weltweiten und nationalen Umwandlungssystemen von der Primär- zur Nutzenergie. Aus 100 % Energieeinsatz kommt nach der Umwandlung der Primärenergien Öl, Kohle, Gas und Uran weltweit nur etwa ein Drittel Nutzenergie beim Verbraucher an. Bezogen auf das fossil-nukleare Stromerzeugungssystem liegt der Gesamtnutzungsgrad aus Verbrauchersicht (nach Abzug von Erzeugungs-, Leitungs- und Umwandlungsverlusten) sogar nur bei 22 %.

Diese ineffiziente Weltenergiemaschine läuft mit erneuerbaren Energien nur marginal besser, auch hier treten auf allen Umwandlungsebenen Verluste auf. Sie mit den heute zum Teil noch teuren erneuerbaren Erzeugungsalternativen bei immer stärker wachsenden Ansprüchen in Gang halten zu wollen, wäre illusionär und unbezahlbar. Gesunder Menschenverstand spricht dafür, zuerst die Löcher zu stopfen, indem Umwandlungsverluste auf allen Stufen – von der Primär- zur Nutzenergie – drastisch reduziert werden und mehr Energiedienstleistungen (vom gekühlten Getränk bis zur Tonne Stahl) mit weniger Energieeinsatz bereitgestellt werden können.

Zweifelsohne müssen die entwickelten Länder dabei vorangehen. Durch die Effizienzrevolution im Norden können auch die Voraussetzungen dafür geschaffen werden, dass die Entwicklungsländer erst gar nicht mehr den heutigen unnötig hohen Pro-Kopf-Energieverbrauch der Industrieländer anstreben müssen. Der Abkopplungsprozess von Wirtschaftsentwicklung und Energieverbrauch kann von den reichen Ländern des Nordens beschleunigt werden – auch im wohlverstandenen Eigeninteresse, um der Armut die Grundlage und dem Terror den Nährboden zu entziehen. Dazu braucht es faire Entwicklungspartnerschaften, den Transfer von Kapital, Technologie und Know-how sowie innovative Finanzierungs- und Förderkonzepte. So können für Entwicklungsländer und zusammen mit ihnen die Effizienz- und Solartechniken und soziale Modelle für nachhaltigeres Produzieren, Konsumieren und Transportieren rascher als bisher umgesetzt werden.

Energieeffizienz ist die schnellste, größte und billigste Option, um Umweltschäden zu vermeiden, erklärte schon 1998 die Weltenergiekonferenz. In der Realität hingegen ist die Energieeffizienz noch immer die «vergessene Säule der Energiepolitik» (Thomas et al. 2002) und im besten Fall eine wachsende Nebenbeschäftigung für die Global Player im Energiegeschäft. Wie lässt sich diese Diskrepanz erklären?

Die Messlatte der Effizienzrevolution

Der Begriff «Effizienzrevolution» ist für viele nur ein Synonym für technische Innovationen. Einige halten den Begriff sogar für Teufelswerk des Neoliberalismus. Richtig ist daran, dass spezifische Effizienzsteigerungen z. B. im Produktionsprozess oder bei Fahrzeugen durch Mengeneffekte (sog. Rebound-Effekte) wieder zunichte gemacht werden können, z. B. ein gesunkener Treibstoffverbrauch durch mehr Autos und mehr Autofahren. Trotzdem ist dies kein Argument gegen die unabdingbar notwendige Effizienzsteigerung, sondern dafür, gesellschaftlich unerwünschte Mengeneffekte durch veränderte Produktions- und Konsummuster grundsätzlich zu begrenzen. Selbst wenn die Effizienzsteigerung «nur Zeit kaufen» würde, wäre das besser, als immer mehr Zeit für die Energiewende verstreichen zu lassen.

In der Tat stellt die in diesem Buch als notwendig unterstellte Effizienzsteigerung eine soziale Revolution mit weitreichenden Implikationen und einer fundamentalen Änderungsbereitschaft hinsichtlich der Investitions- und Verhaltensmuster dar. Änderungsbereitschaft ist in diesem Zusammenhang auch das Stichwort, um einerseits zu erklären, warum die Effizienzrevolution gemessen an den Alternativen prinzipiell technisch einfach und gesellschaftlich akzeptanzfähig umgesetzt werden kann. Andererseits muss offensichtlich geklärt werden, warum dies nicht schon längst geschieht und welche Akteure mit welchen Maßnahmen die Umsetzung beschleunigen können.

Dafür muss die Energieproduktivität als Messlatte und quantitativ messbarer Indikator für den Fortschritt der Effizienzrevolution eingeführt werden. Verläuft dieser Prozess im marktwirtschaftlichen Selbstlauf zu langsam, muss geklärt werden, welche Eingriffsoptionen für welche Akteure bestehen und wo die bisherigen Hemmnisse liegen.

Die Steigerung der volkswirtschaftlichen Energieproduktivität (reales BIP/Primärenergieeinsatz; Kehrwert: Sinken der Primärenergieintensität) hängt ab

- vom Branchenstrukturwandel hin zu weniger energieintensiven Prozessen und Produkten (Tertiärisierung)*,
- vom Primärenergiemix und der Kraftwerkstechnik im Umwandlungssektor (Anteil der Kraft-Wärme-(Kälte-)Kopplung; Wirkungsgraderhöhung),
- von Mengen- und Lifestyle-Effekten (durch Effizienzsteigerung gespartes Geld wird für energieverbrauchende Güter und Dienstleistungen ausgegeben, z. B. höherer Wärme-, Warmwasser- oder Kältekomfort bei effizienterer Wärme- bzw. Kältebereitstellung),
- von der effizienteren Umwandlung von Endenergie in Nutzenergie und in Energiedienstleistungen (z. B. durch Einsatz von effizienteren Energiewandlern bei Prozessen, Gebäuden, Fahrzeugen, Geräten sowie durch bessere Organisation und Management).

Alle diese Faktoren sind sowohl sozioökonomische als auch technische Treiber einer Effizienzrevolution, wobei die letzte Option mit einem Anteil von 50% die wichtigste an der gesamten Steigerung der volkswirtschaftlichen Energieproduktivität darstellt.

Effizienzsteigerung setzt daher zu großen Teilen bei den Endverbrauchern in allen Sektoren (private und öffentliche Haushalte, Wirtschaft, Verkehr) an. Das ist eine ganz wichtige Eigenschaft und für viele Akteure beileibe nicht selbstverständlich. Wenn Kraftwerksbetreiber und deren politische Wortführer zum Beispiel von Effizienzsteigerung sprechen, ist oft nur ein kleiner Ausschnitt, nämlich die Effizienzsteigerung in großen Stromer-

---

* Dabei ist zu berücksichtigen, dass nationale Energieeffizienzgewinne nicht darauf beruhen dürfen, dass nur eine Verlagerung von energieintensiven Branchen ins Ausland stattfindet.

zeugungsanlagen (Kondensationskraftwerken) gemeint. Hier sind zwar bei allen fossilen Energieträgern technisch-physikalisch noch Wirkungsgraderhöhungen um etliche Prozentpunkte (beispielsweise bei hocheffizienten Kohlekraftwerken von heute 46 % auf perspektivisch 50 bis 55 %) möglich. Gemessen am notwendigen Strukturwandel des Kraftwerksparks zu mehr industrieller und regionaler Kraft-Wärme-(Kälte-)Kopplung (Nutzungsgrade über 80 %) oder auch am möglichen Beitrag der CO_2-Abscheidung sind dies zwar wichtige Optionen, aber sie schöpfen das Gesamteffizienzpotenzial bei weitem nicht aus.

Die Angst der Politik vor der Effizienzrevolution

In der oben erwähnten Schweizer Machbarkeitsstudie werden die sozioökonomischen Voraussetzungen und Triebkräfte der «2000-Watt-pro-Kopf-Gesellschaft» in akademischer Zurückhaltung und nur in aller Kürze angesprochen: ein fundamentaler Wandel des Innovationssystems, die Integration von Material- und Energieeffizienzstrategien, die Ausnutzung der Reinvestitionszyklen bis 2050 und die verantwortungsbewusste Veränderung von Lebensstilen. Offensichtlich bedeutet dies mehr, als nur Glühbirnen durch Energiesparlampen auszuwechseln, autofreie Sonntage zu zelebrieren und auf deutschen Autobahnen ein Tempolimit einzuführen.

Eine permanente Effizienzrevolution verändert sämtliche Konsum- und Produktionsmuster radikal und fortwährend, aber sie mündet nicht in Askese und schon gar nicht in penetrante Appelle, den Gürtel enger zu schnallen, wo es nichts weiter zu verzichten gibt. Die Effizienzrevolution beginnt quasi an der Wiege, beim Design energie- und materialsparender Produkte, Prozesse, Fahrzeuge und Gebäude, und sie vermeidet jeden unnötigen Energie- und Materialaufwand bei der Nutzungsphase. Am Ende des Produktlebens benutzt oder recycelt sie alle Wertstoffe wieder, die nicht von Anfang an als unnötige Reststoffe vermieden werden konnten. Wirtschaftlich erfordert sie eine «Ökonomie des Vermeidens», d. h., sie setzt Anreize und Rahmenbedingungen, damit sich die Reduzierung unnötigen Energie- und

Materialverbrauchs und die Bereitstellung von (Energie-)Dienstleistungen zu minimalen Kosten auch für die Produzenten, einschließlich der Anbieter von Energie, lohnt. Das gilt weltweit besonders für Neu- oder Ersatzinvestitionen in langlebige Produkte, Prozesse, Infrastrukturen und Gebäude, weil z. B. jedes Gebäude, das nicht modernen energetischen Standards entspricht, für mehrere Jahrzehnte unnötig hohe Energiekosten und CO_2-Emissionen vorprogrammiert. Die anspruchsvollen Ziele und das unausgeschöpfte Potenzial der Effizienzrevolution zeigen sich darin, dass heute die meisten Investitionen in Infrastrukturen, Gebäude, Fahrzeuge und Geräte solche «missed opportunities» produzieren und erst eine verschwindende Minderheit von Produkten konsequent nach energie- und materialsparenden Prinzipien konstruiert ist. Die Effizienzrevolution verändert also die Struktur und Qualität des Wirtschaftwachstums grundlegend. Der Leitmarkt der «Energievermeidung» (d. h. Effizienztechniken und Dienstleistungen wie Consulting, Planung, Optimierung, Design) wächst weit überproportional, riskantes und unnötiges Energieangebot wird begrenzt oder ganz vermieden. Die Effizienzrevolution ist daher ein Kernbestandteil einer zukunftsfähigen, ökologischen Industrie- und Dienstleistungspolitik.

Offensichtlich braucht die Effizienzrevolution viele Akteure, aber vor allem braucht sie einen Koordinator, Organisator und sicherlich auch einen «kollektiven Lobbyisten». Nach Lage der Dinge kann dies nur «der Staat» (auf allen politischen Ebenen) sein, weil «der Markt» offensichtlich weder die notwendigen Ziele noch die Rahmenbedingungen setzen oder nachhaltige Industriepolitik betreiben kann, sondern diese voraussetzt.

Es bedarf freilich gehörigen politischen Mutes, durch innovative Industriepolitik die Qualität des Wachstums auf den Energiemärkten fundamental zu verändern: Risikomärkte für fossile und nukleare Energieträger müssen langfristig und beharrlich reduziert, neue Märkte für Energieeffizienz und erneuerbare Energien müssen durch eine Vielzahl von Newcomern forciert entwickelt werden. Der Politik obliegt die Aufgabe, diesen Prozess zu beschleunigen, neue Rahmenbedingungen und Anreize dafür zu schaffen, die Phantasie der Marktakteure gewinnbringend einzusetzen, so dass in wenigen Jahrzehnten tatsächlich 30 bis 50 % weniger Energie nachgefragt wird. Wenn dies erreicht werden soll, muss dem Profit eine neue Richtung gegeben werden, nämlich dass sich die Vermeidung unnötigen Ressourcenverbrauchs auszahlt.

Aus den Weltszenarien geht hervor, dass ein nachhaltiges Energiesystem bedeutet, die jährliche Steigerungsrate der Energieeffizienz erheblich über den langfristigen Durchschnitt von 1 % anzuheben, am besten pro Jahr mindestens zu verdoppeln. Hinsichtlich der Energie- und Unternehmenspolitik würde dies weltweit erfordern, den Paradigmenwechsel von angebots- zu nachfrageorientierten Strategien vorzunehmen und der Energieeffizienz bei Forschung und Entwicklung sowie in der Energiepolitik Priorität einzuräumen. Angesichts der Dominanz der Verkaufsinteressen großer weltweit operierender Energiekonzerne und der fehlenden Rahmenbedingungen für eine Umkehr der Anreizstruktur ist dies heute noch eine heroische Annahme. Dennoch beginnen die Unternehmensleitbilder sich zögernd in Richtung auf das Angebot von Energiedienstleistungen und von erneuerbaren Energien zu ändern. Dabei wird die energiepolitisch direkt adressierbare Ausschöpfung der technisch-wirtschaftlichen Effizienzpotenziale durch den autonomen wie auch potenziell durch einen wirtschaftspolitisch induzierten Strukturwandel zur Dienstleistungs- und Kreislaufwirtschaft verstärkt. Der Zusammenhang zwischen Strukturwandel und Effizienztechnik ist auf der mikroökonomischen Ebene ohnehin fließend. Bei Industrieprozessen und Gebäuden wird z. B. durch Systemoptimierungen, Contracting oder Energie- und Facility-Management ein wachsender Anteil von Dienstleistungen mit neuer Effizienz- und Solartechnik verbunden.

Mehr noch als beim gewünschten Strukturwandel des Energieangebots ist die Entwicklung der Energienachfrage also davon abhängig, dass die Energiepolitik eine gesellschaftlich akzeptierte quantifizierte Zielorientierung und einen zielführenden Instrumentenmix als Rahmen vorgibt. Anders ausgedrückt: Die jährliche Steigerung der Energieproduktivität muss – zumindest in Bezug auf ihre nicht vom Strukturwandel abhängige Komponente – weit mehr als in der Vergangenheit als energiepolitische Strategievariable betrachtet werden. Allerdings ist es bei der Vielfalt von Anbietern, Wandlertechniken (z. B. Gebäude, Prozesse, Antriebe, Geräte), Anwendungsformen und Verbrauchertypen, die bei der durchschnittlichen jährlichen Steigerung der Energieproduktivität zusammenwirken, nicht möglich, eine jährliche Steigerungsrate dirigistisch «vorzugeben», sondern es ist notwendig, die Rahmenbedingungen so zu verändern, dass eine Zielerfüllung insgesamt möglich wird.

Für die Umsetzung muss die historisch vorherrschende «Arbeitsteilung» überdacht werden. Energiesparen und rationelle Energieverwendung «dem Verbraucher» zu überlassen, während Staat und Energieanbieter sich weitgehend für das Energieangebot zuständig fühlen, ist für die Lösung der Zielkonflikte in der Energiepolitik kontraproduktiv.

Ein Paradigmenwechsel zur quantifizierten Zielorientierung hat sowohl in der nationalen wie auch insbesondere in der EU-weiten Energiepolitik auf der programmatischen Ebene eingesetzt. Für erneuerbare Energien und die KWK sind in EU-Richtlinien und nationalen Gesetzen schon länger Leitziele festgelegt worden. Ein erster Schritt in Europa auf dem Gebiet der Energieeinsparung ist die EU-Effizienzrichtlinie (EU 2006), die als indikatives Ziel für die Mitgliedsländer fordert, pro Jahr die durchschnittliche Effizienzsteigerung für zunächst 9 Jahre um 1 % über den Trend anzuheben. Der implizite Ausgangspunkt für diesen Paradigmenwechsel ist, dass reale Energiemärkte und Wettbewerb nicht selbstregulierend die gesellschaftlich erwünschten Zielsetzungen ansteuern. Vielmehr müssen durch die Energiepolitik für die Hersteller von Energietechniken, für Energieversorgungsunternehmen und Verbraucher zielführende Rahmenbedingungen und Anreizstrukturen gestaltet werden, um im Rahmen einer wettbewerbsgesteuerten Marktwirtschaft ein Höchstmaß an langfristiger Planungs- und Investitionssicherheit zu gewährleisten und den Akteuren zugleich die Möglichkeit gegeben wird, an der Erhöhung der Energieeffizienz bei sich oder bei der Umsetzung bei anderen zu verdienen.

Die «NEGAWatt» umsetzen

Warum also passiert nicht das, was doch offensichtlich vernünftig und auch wirtschaftlich vorteilhaft wäre? Um dies zu erklären, muss der Schleier über der «Versorgungs»-Wirtschaft etwas gelüftet werden. Er verhüllt nämlich die eigentlich einfache Tatsache, dass die Kunden weder durch Kilowattstunden satt noch komfortabel gewärmt werden noch reale Verbraucherbedürfnisse durch Tonnen Stahl oder schlichte Ortsveränderung von A nach B befriedigt werden. Erst wenn Energie z. B. in Herden, Gebäuden, Walzwerken oder Fahrzeugen mehr oder weniger effizient in bestimmte Nutzeffekte (Produkte, Dienstleistungen etc.) umgewandelt wird, ist der eigentliche Nutzen für den Verbraucher erbracht. Dieser Nutzen, die Energiedienstleistung, ist also immer ein Kuppelprodukt («ein Paket») aus der Zuführung von Endenergie (nach vorgelagerten Umwandlungsschritten und damit verbundenen Verlusten) und einem Energiewandler (z. B. eine Lampe, ein Haushaltsgerät, ein Elektromotor, ein PKW). In entwickelten Ländern ist dieser über eine Prozesskette vermittelte Zusammenhang für den Verbraucher so selbstverständlich, dass er ihn «vergisst»: Strom kommt aus der Steckdose, Wärme aus den Heizkörpern oder der Warmwassertherme, Benzin aus der Zapfsäule.

Das eigentliche wirtschaftliche Ziel der Energieversorgung bleibt aber aus Kundensicht auch in modernen Volkswirtschaften nicht der Kauf billiger Energie, sondern der Kauf möglichst preiswürdiger Energiedienstleistung. Oder anders ausgedrückt: Nicht der Energiepreis, sondern die Energierechnung ist aus Verbrauchersicht letztlich entscheidend. Es nützt dem Hausherren wenig, billige Energie in das schlecht gedämmte Haus einzuführen. Die Heizkostenrechnung kann dennoch deutlich höher liegen, als wenn teure Energie in einem Niedrigenergiehaus verwendet wird.

Auch der Staat darf nicht undifferenziert auf Energieverbrauch und Kosten blicken. Der eigentliche Zweck nachhaltiger Energieversorgung ist die volkswirtschaftlich möglichst preiswürdige Bereitstellung risikoarmer Energiedienstleistungen für die Kunden. Die maximale Vermeidung externer Kosten sollte dabei mit berücksichtigt werden.

Das an der Energiedienstleistung orientierte Grundprinzip gilt für alle Kundengruppen, für alle Verwendungsformen von Energie und für reiche wie auch besonders für arme Länder. Würde es konsequent angewandt, stünde die Energieeffizienz deutlich weiter oben auf der Agenda. Leider gibt es noch kein Land auf der Welt, das dieses einfache Grundprinzip der Marktordnung den Leitzielen seines Energiesystems zugrunde gelegt hat. Wohin die Missachtung des Prinzips führt, sei an zwei Beispielen aus dem Süden und dem Norden demonstriert:

In vielen Entwicklungsländern werden aus sozialen Gründen die Energiepreise aus dem Staatshaushalt subventioniert. Eine in der Regel wesentlich vorteilhaftere Alternative bestünde jedoch darin, mit kostengerechten Preisen eine effizientere Bereitstellung zu sichern und für die Armen die Anschaffung energiesparender Wandleraggregate zu fördern. In einer Studie zur Markteinführung von solarer Wärmeerzeugung in Iran wurde z. B. gezeigt, dass es für die Volkswirtschaft, für den Staatshaushalt, für die Umwelt und für die Haushalte ungleich vorteilhafter wäre, die hoch subventionierten inländischen Öl- und Gaspreise schrittweise auf Weltmarktniveau anzuheben und den Haushalten als Ausgleich z. B. energiesparende Solarkollektoren direkt zu bezuschussen (WI et al. 2005).

Doch die Ineffizienz der Kapitalallokation ist in reichen Ländern nicht weniger ausgeprägt: In allen Industrieländern fließen seit Jahrzehnten jährlich viele Milliarden Euro in die volkswirtschaftlich ineffiziente Ausweitung des Energieangebots statt in die rationellere Wandlertechnik beim Energieverbraucher. Ökonomen, die den oben erwähnten verlustreichen Weg von der Primärenergie zu den nutzbaren Energieformen Strom und Wärme noch als Problem für Ingenieure abtun mögen, müsste dieser alltägliche Verstoß gegen die Allokationsregeln angeblich freier Märkte eigentlich schlaflose Nächte bereiten. Dass dies offensichtlich nicht der Fall ist, hängt mit dem oben erwähnten «Schleier» der «Kilowattstundenmärkte» zusammen. Ökonomen kämpfen mit den Schlagworten «Deregulierung» und «Liberalisierung» mit Inbrunst um «freien Wettbewerb» und um billige Preise für Endenergie (z. B. Strom oder Erdgas), aber sie vergessen in der Regel die zweite Hälfte des Marktes: die Umwandlung von Endenergie in die eigentlich erwünschten preiswürdigen Energiedienstleistungen.

Tatsache ist, dass die – vor allem in Deutschland – seit 1998 systematisch durch die deutsche Energiepolitik geförderte Oligopolisierung der Strom- und Gasanbieterstrukturen zu einer Verstärkung der marktbeherrschenden Stellungen, zu überhöhten Preisen und teilweise zu skandalösen Monopolrenten (vor allem bei den Netzdurchleitungsgebühren) geführt hat. Insofern sind alle Maßnahmen, die ein faires «Level playing field», einen fairen Netzzugang für Newcomer und letztlich einen wirklichen Wettbewerb auf der ersten Stufe des Energiemarkts fördern, notwendig und sinnvoll. Fatal wird es aber dann, wenn die öffentliche Erregung über die angeblich allein schuldigen «Abzocker in den Konzernzentralen» vom Staat kräftig angeheizt wird und die Energiepolitiker dabei vergessen machen möchten, dass sie für die «Abzockerei» die Rahmenbedingungen geschaffen und ihre «Hausaufgaben» für einen wirklich effektiven Wettbewerb um Energiedienstleistungen noch nicht einmal begonnen haben. Die (falsche) Rechtfertigung hierfür ist: Die Organisierung der zweiten Hälfte des Marktes zur Bereitstellung preiswürdiger Energiedienstleistungen sei Sache der Nachfrager.

Aber der Staat hilft doch auch den Verbrauchern mit Informationen und Kampagnen (z. B. der Dena, der Verbraucherzentralen) und hier und dort mit beträchtlichen Zuschüssen (z. B. durch das Gebäudemodernisierungsprogramm der KfW)? All dies sind nützliche Maßnahmen, aber angesichts der Vielzahl zu überwindender Hemmnisse und im Vergleich zur übermächtigen Stellung des Energieangebots ist dies nur ein Tropfen auf den heißen Stein. Gemessen an den Anforderungen einer mutigen und intelligent durchdachten Effizienzrevolution sind die bisherigen Fördermaßnahmen für die Energieeffizienz kaum mehr als ein vorsichtiger Anfang.

Doch die Sichtweise auf die Möglichkeiten zur Steigerung der Energieeffizienz beginnt sich zu ändern und die Energiewirtschaft

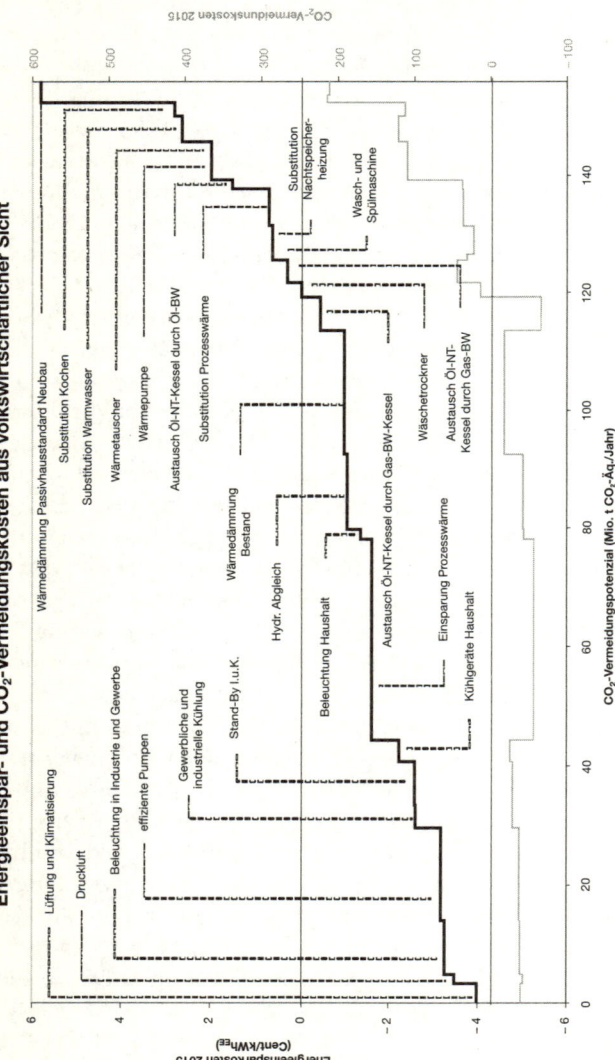

Abb. 19: Treibhausgasvermeidungspotenzial geordnet nach resultierenden Einsparkosten (negative Einsparkosten entspricht einer volkswirtschaftlich rentablen Umsetzung) für Deutschland

erkennt mehr und mehr die Potenziale. Eine Gemeinschafts-
studie von Wuppertal Institut und E.ON bestätigt, dass etwa
120 Mio. t CO_2 durch Stromsparen und Stromsubstitution (durch
Erdgas) *wirtschaftlich* vermieden werden können. Gemeinsam
wurden 69 gängige Techniken der effizienteren Stromnutzung
oder der Substitution von Strom durch Erdgas auf ihre Potenziale und Kosten hin untersucht. Das Ergebnis ist, dass insgesamt
150 Mio. t CO_2 (d. h. etwa 17,5 % der gesamten CO_2-Emissi-
onen) durch diese Techniken vermieden werden können, davon
eben etwa 120 Mio. t mit Gewinn. «Gewinn» heißt dabei, dass
die Mehrkosten beim ohnehin anstehenden Kauf neuer besonders energiesparender Geräte während ihrer Lebensdauer durch
die eingesparten Stromkosten teilweise deutlich überkompen-
siert werden.

Abbildung 19 stellt dieses erstaunliche Ergebnis in Form einer
Treppenkurve detaillierter dar. Die Abszisse zeigt das Einspar-
potenzial (in Kilowattstunden bzw. vermiedenen Tonnen CO_2)
in Relation zu den jeweiligen spezifischen Kosten (auf der Ordi-
nate) pro eingesparte Kilowattstunde bei gleicher Energiedienstleistung. So wurde z. B. unterstellt, dass ein durchschnitt-
liches Kühlgerät bei ohnehin anstehendem Neukauf durch ein
A^{++}Kühlgerät ersetzt wird, das noch einmal etwa 40 % weniger
Strom verbraucht als ein Gerät der Kategorie A nach EU Klassi-
fikation.

Vergleicht man bezogen auf die gleiche Energiedienstleistung
die Zusatzkosten der Vermeidung von Strom mit dem Strompreis, so lässt sich der Zusammenhang der Treppenkurve auch
wie folgt zusammenfassen: Strom effizienter zu nutzen ist für die
Verbraucher (bedenkt er die gesamte Nutzungsperiode) in der
Regel erheblich wirtschaftlicher, als Strom zu kaufen! Stromsparen rechnet sich also für Verbraucher und Volkswirtschaft, aber
auch Energieversorger können, unter bestimmten Rahmenbedingungen, durch mehr Kundenbindung, Contracting, Demand Side
Management (DSM) etc. profitieren. Längst sind auch Konzepte
entwickelt worden wie z. B. die Grundidee eines Stromeinsparfonds, die die Anreize für die Energiewirtschaft signifikant weiter
erhöhen könnten, sich auf das Geschäftsfeld Energieeinsparung

einzulassen und ihr Know-how und ihre Kundenkontakte einzubringen (Thomas 2006).

Hochgerechnet für Deutschland könnte die Realisierung des gesamten wirtschaftlichen Energiesparpotenzials die volkswirtschaftliche Energierechnung um mindestens 45 Mrd. Euro pro Jahr entlasten und netto etwa 300 000 Arbeitsplätze schaffen. Geschäftsfelder und Arbeitsplätze entstehen dabei direkt auf den Märkten für Energieeffizienztechnik, aber auch indirekt durch die alternative Verwendung der eingesparten Energiekosten.

8. Politiken und Maßnahmen einer strategischen Energieeffizienzinitiative

Die simultane Realisierung des beschlossenen Ausstiegsfahrplans und ambitionierter Klimaschutzziele entscheidet sich also daran, ob und wie energisch die Effizienz zusammen mit den erneuerbaren Energien vorangetrieben wird. Die Markteinführung der Stromerzeugung aus erneuerbaren Energien, angetrieben durch das erfolgreiche EEG, muss auf dem Wärmemarkt ebenso energisch weiter forciert werden wie die verstärkte Nutzung von Biokraftstoffen. Das ist absehbar und entsprechende politische Instrumente sind in Vorbereitung (z. B. regenerative Wärmegesetz). Das heißt nicht, dass damit alle Probleme gelöst sind und die Entwicklung ein Selbstgänger ist. Sicher sind weitere Maßnahmen angesichts des komplexen Wechselspiels von Akteuren und Technologien notwendig. Aber der Anfang ist gemacht und war erfolgreich.

Bei der Energieeffizienz fehlt dagegen ein strategischer Ansatz fast noch völlig, Entsprechendes gilt auch für die Vernetzung zwischen Instrumenten aus dem Bereich erneuerbare Energien und Energieeffizienz. Aufgrund des hohen Nachholbedarfs einerseits und des großen Handlungsdrucks anderseits muss gerade in diesem Bereich aber «geklotzt» und nicht «gekleckert» werden. Anders ausgedrückt, eine Energieeffizienzoffensive ist notwendig. Berücksichtigt man die Hemmnisse für die Etablierung eines Markts für Energiedienstleistungen, kann eine strategische Energieeffizienzinitiative nur schrittweise etabliert werden. Folgende Schritte sind erforderlich:

1. Die Notwendigkeit und Wünschbarkeit einer forcierten Effizienzsteigerung (in Verbindung mit dem Ausbau erneuerbarer Energien) sollte in Zielszenarien z. B. in Hinblick auf Klima- und Ressourcenschutz nicht nur begründet, sondern auch aktiver kommuniziert werden («Kommunikationskonzept für soziales Lernen»); denn die notwendige Verdopplung der Effizienzsteigerung pro Jahr ist nur durch Einbeziehung aller Sektoren (auch des Verkehrs) und der Hauptakteure (einschließlich der EVU) realisierbar.

2. Hieraus sollten im gesellschaftlichen Dialog und Konsens Legislaturperioden überschreitende quantifizierte Leitziele für die anzustrebende Energieeffizienzsteigerung (z. B. volkswirtschaftliche Effizienzsteigerung von mindestens 3 % pro Jahr für Deutschland) gemacht werden und die Ziele für einzelne Sektoren und Akteursgruppen spezifiziert werden.

3. Hierfür müssen die relevanten Techniken, Potenziale, Kosten und zu überwindenden Hemmnisse für alle Sektoren und strategisch bedeutsamen Anwendungsfelder identifiziert («Informations- und Weiterbildungsoffensive») und die Umsetzungsfähigkeit diskutiert werden («Szenariengestützte Dialoge»).

4. Die Energiepolitik muss förderliche Rahmenbedingungen dafür schaffen, dass die Energieeffizienzanbieter und -nachfrager fair, transparent und langfristig mit dem Energieangebot konkurrieren können («Sektor- und zielgruppenspezifische Instrumentenbündel»)

5. Ein strategisch und unabhängig operierender neuer Akteur (Energieeffizienzfonds), ausgerüstet mit Mitteln und einem Mandat zur Konzipierung, Bündelung, Anschubfinanzierung, Koordinierung und Evaluierung einer Energieeffizienzoffensive, muss dabei ein zentraler Baustein sein. Denn sonst ist ein fairer Ausgleich von Nachfrage- und Angebotsinteressen gegenüber dem marktbeherrschenden Energieangebot nicht möglich.

Diese durchaus aufwändigen, aber für erfolgreichen Klimaschutz unabdingbaren Schritte kollidieren mit einem Politik-
und Wirtschaftsverständnis, bei dem der Selbststeuerungskraft
selbst extrem konzentrierter Energiemärkte viel und dem Staat
wenig zugetraut wird. Gestützt auf Pragmatismus und solide
empirische Forschung spricht jedoch viel dafür, auf ideologische
Scheindebatten zum Thema «Wettbewerb oder Dirigismus» zu
verzichten und sich am realen Marktergebnis und an erwünschter
gesellschaftlicher Zielsetzung über den Ressourcen- und Klimaschutz zu orientieren. Länder wie Großbritannien, Dänemark,
Norwegen oder die belgische Region Flandern machen es vor, wie
eine konsistente Strategie mit einem umfassenden Gesamtpaket
von Instrumenten zur Energieeinsparung im politischen Konsens verabschiedet und konsequent umgesetzt werden kann.

Effizienzmärkte kreieren

Das EEG verdankt seinen Erfolg der hartnäckigen und kennt-
nisreichen Lobbyarbeit weniger Bundestagsabgeordneten sowie
von innovativen Industrievertretern der erneuerbaren Energien.
Das EEG hat eindrucksvoll bewiesen, dass auch im Zeitalter der
Globalisierung nationale Politik außerordentlich erfolgreich
«Märkte kreieren» und ökologische Industriepolitik betreiben
kann. Der ökonomische Mechanismus hierfür ist – sieht man von
den differenzierten degressiven Einspeisregelungen ab – denkbar
einfach: Die Mehrkosten zur «Anschubfinanzierung» der erneuerbaren Energien werden auf die Stromverbraucher (mit Aus-
nahmen für die stromintensive Industrie) verteilt. Für die überwiegende Mehrheit sind die daraus resultierenden Belastungen
(vgl. Kapitel 5) eine zweifellos individuell tragbare und gesellschaftlich hoch rentable Versicherungsprämie zur Reduktion
der fossil-nuklearen Risiken. Angesichts der enormen wirtschaftlichen, ökologischen und geostrategischen Vorteile ist dies eine
attraktive Zukunftsinvestition und zudem mit erheblichen Be-
schäftigungseffekten verbunden. Bis 2020 geht die Branche von
einem Investitionsvolumen allein in Deutschland von jährlich
mehr als 20 Mrd. Euro und 500 000 Arbeitsplätzen im Sektor

Erneuerbare Energien aus; allerdings sind die wegfallenden Arbeitsplätze bei der traditionellen fossilen und nuklearen Energieerzeugung davon noch abzuziehen.

Obwohl weder Staat noch Konzerne, sondern die Stromkunden die Finanzierungsbeiträge durch moderat höhere Stromrechnungen aufbringen, wird immer wieder versucht, die Umlagefinanzierung als Instrument der Anschubfinanzierung von Zukunftsmärkten systematisch in Misskredit zu bringen. Wegen der rasch wachsenden wirtschaftlichen Bedeutung der erneuerbaren Energien und dem offensichtlichen Erfolg des EEG wird es wohl kaum gelingen, das Gesetz wieder zu Fall zu bringen. Dabei wird immer so getan, als wären diese Vorleistungen ein Spezifikum der erneuerbaren Energien. Vorleistungen dieser Art sind aber immer notwendig, um neue Technologien über die Marktschwelle zu heben. Das ist bei den erneuerbaren Energien heute nicht anders als vor wenigen Jahrzehnten bei der Kernenergie.

Bei der notwendigen Anschubförderung der KWK und der Energieeffizienz ist dies aber noch nicht Stand der Umsetzung, obwohl beide Optionen, vor allem die Energieeffizienz, massiv zur Entlastung der Energierechnungen beitragen können. An der Breite des Widerstands wird deutlich, dass es dabei um weit mehr geht als um Finanzierungsfragen: Konnten die Förderung und ein scheinbar begrenzter Einstieg in die erneuerbaren Energien bei Verabschiedung des EEG von den marktbeherrschenden Konzernen anfangs noch als «additiv» (miss-)verstanden werden, so geht es zukünftig um einen grundlegenden Strukturwandel. Eine ernsthafte Effizienzrevolution begrenzt zunächst und reduziert schließlich alle Energieangebotsmärkte, gleichzeitig führt der weitere Ausbau der erneuerbaren Energien in Verbindung mit dem Ausbau industrieller und kommunaler KWK zu einem Dezentralisierungsschub und damit zu einer massiven Machtverschiebung auf den Märkten für leitungsgebundene Energien. Es ist betriebswirtschaftlich verständlich, dass die bisherigen «Platzhirsche» auf den Energiemärkten ihr Revier verteidigen, solange der Staat und die Gesellschaft sie lassen und ihnen keine neuen «Weidegründe» auf dem attraktiven Zukunftsmarkt

Energieeffizienz und Solarenergiewirtschaft anbieten. Mit einem Wort: Es handelt sich um eine klassische Situation von Marktversagen, ohne neue Rahmenbedingungen und ohne mutige Wahrnehmung des Primats des Energiepolitik sind die handelnden Akteure und der Markt nicht in der Lage, die neuen Ziele eines Klima schonenden und Ressourcen sparenden Energiesystems von sich heraus autonom anzusteuern.

Erst wenn die Energiepolitik unmissverständlich klar gemacht hat, dass sie es mit strategischer Effizienzpolitik wirklich ernst meint und durch neue Rahmenbedingungen einen Wettbewerbsmarkt für Energiedienstleistungen schaffen wird, kommt Bewegung in alle Akteure. Das gilt dann auch für Unternehmen, die sich heute schon in diesem Markt bewegen (z. B. Contracting-Unternehmen und Ingenieurbüros). Sie werden sich mit dem Gedanken anfreunden müssen, dass «auf ihrem Markt» zukünftig neue, aber eben eventuell auch recht kapitalkräftige Wettbewerber für Energiedienstleistungen auftreten werden. Aber warum soll man die Kapitalkraft und das technologische Know-how sowie die Verbrauchernähe dieser Akteure nicht auch nutzen?

Ein Schlüsselelement dafür kann dabei ein Energieeffizienzfonds sein, der in anderen Ländern längst Realität ist. Die starken Interessenverflechtungen von Energiewirtschaft und Staat in Deutschland, die hochkonzentrierten Anbieterstrukturen, die Monopolisierung der Primärenergiebasis (Braunkohle, Atomenergie) und die Geschichte der Monopolwirtschaft in West- und Ostdeutschland sind Hintergründe dafür, dass sich die deutsche Energiepolitik schwerer tut als z. B. 20 Bundesstaaten in den USA oder in Europa Großbritannien und Dänemark, trotz seiner unbestreitbaren Vorteile für Kunden, Umwelt und Jobs einen von Anbieterinteressen unabhängigen Energieeffizienzfonds einzuführen. In den USA etwa ist es immer ordnungspolitisches Credo gewesen, dass der Staat durchaus massiv in die Rahmenbedingungen für private Konzerne eingreift, um den privaten Profit mit dem gesellschaftlichen Interesse nach mehr Energieeffizienz zu verbinden.

Ein klimaverträglicher und sich selbst tragender Markt für Energiedienstleistungen kann sich nur entwickeln, wenn der

Staat (Bund, Länder und vor allem die EU) nicht nur auf der Angebots-, sondern auch auf der Nachfrageseite Rahmenbedingungen, Leitziele und einen Instrumentenmix (Fonds, Anreize, Information, Standards etc.) einsetzt, um die vielfältigen Markthemmnisse abzubauen. Die EU-Richtlinie zu Endenergieeffizienz und zu Energiedienstleistungen ist dabei ein «missing link», um diesen Markt in Europa zu etablieren und zu harmonisieren. Ihre Vorgaben müssen nun national konsequent umgesetzt werden. Zweifellos hat die deutsche Energiepolitik mit einer Vielzahl von Maßnahmen und Instrumenten (z. B. Öko-Steuer, Energiesparverordnung, KfW-Kreditprogramme) und durch die Aktivitäten der Deutschen Energie Agentur (dena) und der Landesenergieagenturen wichtige Impulse für die Energieeffizienz gesetzt. Aber im Unterschied zur Politik bei den erneuerbaren Energien fehlt bei der Effizienz die strategische, auf einem ambitionierten, quantifizierten Leitziel basierende Bündelung und Verstärkung von Aktivitäten zur Zielerreichung. Um Anreize zu setzen und Förderung sowie Maßnahmen zu koordinieren und zu finanzieren, wurde ein Energiesparfonds vorgeschlagen und dafür ein umfassendes Konzept entwickelt. Es basiert auf einem schlanken und mit dem Wettbewerb auf den Energiemärkten kompatiblen Modell, um eine strategische Energieeffizienzinitiative einzuleiten und auch EU-Richtlinien zur Steigerung der Energie- und Materialeffizienz umzusetzen. Wichtig ist dabei die Erkenntnis, dass sich die Vorfinanzierung von Energieeffizienz-Aktivitäten durch den Fonds wirtschaftlich rechnet. Für die Verbraucher, aber auch für die Volkswirtschaft ergeben sich nach vorliegenden Kalkulationen eine Nettokostenentlastung und positive Arbeitsplatzeffekte.

Zur Finanzierung wird z. B. ein nach Kundengruppen differenzierter Effizienz-Zehntelcent als zweckgebundener, wettbewerbsneutraler Aufschlag auf die Energiepreise vorgeschlagen (WI 2006c). Dieser moderate Aufschlag würde einen jährlichen Fonds von etwa 1–1,3 Mrd. Euro finanzieren, aus dem im Wettbewerbsverfahren Energiesparprogramme (vor-)finanziert würden. Die Form der Umlagefinanzierung entspricht formal der Regelung im EEG, allerdings mit der Wirkung, dass es netto die

Energierechnungen senkt. Nach Abzug der Kosten sinken die Energierechnungen der Verbraucher durch die bei ihnen umgesetzten Einsparmaßnahmen dauerhaft um bis zu 2 Mrd. Euro pro Jahr. Alternativ ist auch das Abzweigen der Mittel für den Fonds aus Ökosteuer-Einnahmen, aus den Versteigerungserlösen von CO_2-Emissionszertifikaten oder aus der Abführung von überhöhten Netzdurchleitungsgebühren möglich.

Die Einrichtung eines derartigen Energieeffizienzfonds könnte nach Berechnungen des Wuppertal Instituts einen erheblichen Jobzuwachs auslösen. In einer Studie wurde errechnet, dass die Umsetzung von 12 Modellprogrammen bis 2015 ca. 75 TWh Strom (das ist rund die Hälfte des derzeit erzeugten Atomstroms jährlich) und 100 TWh Wärme mit Gewinn für Verbraucher und Volkswirtschaft einsparen könnte. Im Spitzenjahr (2015) würden diese Programme allein im Bereich energienaher Dienstleistungen (z. B. Information/Kommunikation, Beratung, Consulting, Contracting) 75 000 Arbeitsplätze (netto) anstoßen.

Eine beschleunigte energetische Modernisierung des Gebäudebestands könnte außerdem ca. 400 000 Jobs schaffen, und auch in den Bereichen Maschinenbau und Elektronik sowie Fahrzeugbau und Verkehrstechnik wären erhebliche Jobpotenziale erschließbar.

Leuchtturmprojekte durchführen

Gesetze allein bewirken aber noch kein breites Umdenken. Es bedarf der Beispiele, der Leuchttürme, die aufzeigen, was praktisch geht und wie es geht. Angesichts der anstehenden Aufgaben sind dabei insbesondere solche Projekte gesucht, die beide Ansätze, erneuerbare Energien ebenso wie Effizienzmaßnahmen, miteinander verbinden. Wie Energieeffizienz und erneuerbare Energien zusammenwirken können und sich Klimaschutz bei innovativer Finanzierung rechnet, lässt sich anschaulich an dem Modellversuch «Solar&Spar» in vier Schulen in Nordrhein-Westfalen demonstrieren. Eine neu installierte große Photovoltaikanlage auf dem Schuldach speist in jedem der Projekte Strom zu attraktiven festen Einspeisevergütungen des EEG in das öffentliche Netz. Zu diesen Erlösen addieren sich die eingesparten Energiekosten, die sich aus der Installation von Energiespartechnik (z. B. für effizientere Beleuchtung, Lüftung und Heizung) realisieren lassen. Dadurch ergibt sich ein Gesamterlös, der das eingesetzte Kapital mit etwa 5 bis 6 % verzinst. Eltern und Bürgern der Stadt, aber auch externen Anlegern kann dadurch eine Beteiligung an der energetischen Sanierung «ihrer» Schule mit attraktiven Zinsen angeboten werden. Für die Europaschule in Köln wurden so in weniger als sechs Monaten rund 860 000 Euro an Bürgerkapital eingeworben. Würden viele Schulen, aber auch Universitäten, kirchliche Gebäude oder Rathäuser in dieser Weise energetisch saniert, könnte viel Bürgerkapital für einen sinnvollen öffentlichen Zweck und dennoch mit attraktiver privater Rendite angelegt werden. Solcher Beispielprojekte bedarf es, um die notwendigen Synergien von Energieeffizienz und erneuerbaren Energien in den Köpfen zu verankern. In den Projekten stehen beide Säulen für eine unausgesprochene Arbeitsteilung. Die Solaranlage sorgt für die notwendige Aufmerksamkeit, die Umsetzung der Energieeinsparmaßnahmen für die Wirtschaftlichkeit.

«Solar&Spar» könnte ein konkretes Bauelement für die zuvor beschriebene «2000-Watt-pro-Kopf-Gesellschaft» bilden, für die Greenpeace (Greenpeace Deutschland 2005) einen noch kühneren Baustein bei der anstehenden Erneuerung des Kraftwerksparks vorgeschlagen hat. In den nächsten 15 bis 20 Jahren werden in Deutschland 40 000 Megawatt Kraftwerkskapazität stillgelegt und hierfür müssen versorgungssichere, wirtschaftliche und umweltfreundliche Alternativen geschaffen werden. Für das Klima und die langfristige Wirtschaftlichkeit wäre es ein Desaster, wenn diese Kapazität allein durch fossile Großkraftwerke ersetzt würde. Zum Beispiel werden von RWE am Standort Neurath zwei neue Braunkohleblöcke mit optimierter Anlagentechnik (BoA) und einer Brutto-Leistung von etwa 2200 MW gebaut. Die gleiche Leistung könnte, so die Hypothese, mit vergleichbarer Versorgungssicherheit, aber mit höherer Rendite, mehr Arbeitsplätzen und erheblich stärkerer Umweltentlastung mit einem alternativen Kraftwerkspark realisiert werden. Das ist das spektakuläre und detailliert belegte Ergebnis einer Studie des Aachener Ingenieurbüros EUtech. Auch wenn man das Konzept und einzelne Annahmen als noch nicht vollständig ausgereift betrachten kann, könnte die Idee doch von ihrem Leitgedanken her wegweisend werden.

Durch Steigerung der Energieeffizienz werden dabei 15% des Stroms eingespart, 35% durch erdgasbefeuerte KWK-Anlagen (vor allem in der Industrie) und 50% durch einen breiten Mix aus erneuerbaren Energien (z. B. Windkraft, Geothermie, Biomasse) bereitgestellt. Die Studie zeigt, dass dieser alternative Kraftwerkspark durch die Kombination vielfältiger, meist dezentraler Stromerzeugungsanlagen mit Stromspartechnik den gleichen Umfang an Energiedienstleistung bereitstellen kann wie das geplante Braunkohlekraftwerk – mit weniger als 15% der CO_2-Emissionen. Dieses Beispiel wirft ein Schlaglicht darauf, wie der Strukturwandel im Kraftwerkspark nachhaltig gestaltet werden könnte: Zentrale Kohle- und Kernenergieerzeugung wird schrittweise und zum großen Teil durch einen Mix aus effizienterer Stromnutzung und eine große Vielfalt erheblich dezentralerer Stromerzeugung ersetzt. Darin liegen große Chancen, dem stehen aber auch offensichtliche, schwer überwindbare Barrieren gegenüber. Hier der eine Großkraftwerksbetreiber mit Kapital und Marktmacht, dort die bunte Vielfalt von Techniken und Marktakteuren. Wie kann erreicht werden, dass auch RWE und die anderen Energiekonzerne eine vorwärtstreibende Rolle bei der Errichtung von Strategien im alternativen Kraftwerkspark übernehmen?

Die Energiepolitik könnte zum Beispiel mit freiwilligen Vereinbarungen darauf hinwirken, dass Planungen von Großkraftwerken zumindest teilweise durch solche kooperativen «Effizienzkraftwerke» ersetzt werden. Die Energieversorger verpflichten sich, statt einem neuen Großkraftwerk von 800 MW ein Drittel Strom durch strategische Stromsparprogramme (Contracting, Demand Side Managment) einzusparen, ein Drittel gemeinsam z. B. mit Stadtwerken und Industriebetrieben in dezentrale Anlagen zu investieren und ein Drittel über gemeinsames Eigentum an wenigen Großkraftwerken (eine so genannte Kraftwerksscheibe) abzusichern. Solange noch kein Stromeinsparfonds existiert, könnten die Stromsparprogramme der Energieversorger auch als Kosten bei der Netzregulierung anerkannt werden.

Solche innovativen Konzepte tangieren also nicht nur die bisher mangelnde Integration von Energieeffizienz und Energieangebot (aus erneuerbaren Energien), sondern generell die Kooperationsdefizite auf den Energiemärkten. Eine mutige Politik kann die Rahmenbedingungen und gezielte Anreize dafür schaffen, dass innovative Unternehmen den Strukturwandel zu einem nachhaltigeren Energiesystem umsetzen können, das wirtschaftlicher, umweltfreundlicher und tatsächlich langfristig versorgungssicher ist. Und so ein Beispiel kann weltweit Schule machen, weil Effizienzkraftwerke in Osteuropa, China und Indien nicht weniger dringend gebraucht werden als in Europa. Auch deshalb kann intelligent praktizierter Klimaschutz auch zum Geschäftsfeld werden.

9. Ausblick

Die Vielfalt der Nutzungstechnologien und Anwendungsbereiche, die hohen Primärenergiepotenziale und ihre breite regionale Verteilung lassen erneuerbare Energien heute zu Recht als einen der zentralen Hoffnungsträger eines zukunftsfähigeren Energiesystems erscheinen. Doch nur im Verbund mit einer Effizienzrevolution, d.h. eines deutlich rationelleren Umgangs mit Energie, können die Probleme und Herausforderungen des 21. Jahrhunderts tatsächlich gelöst und die in der Vergangenheit geschaffenen Abhängigkeiten (von der Atomenergie und den fossilen Energieträgern) reduziert werden. Heute wissen wir, dass die Energieproduktivität (die Wirtschaftsleistung je Energieeinheit) weltweit bis 2050 mindestens um den Faktor Vier gesteigert werden kann. Dadurch könnte der Weltenergieverbrauch auch bei erheblich steigender Wirtschaftsleistung konstant gehalten werden. Der weltweite Endenergieanteil der erneuerbaren Energien könnte gleichzeitig bis 2050 auf 50 % und bis zur Jahrhundertwende auf nahezu 100 % angehoben werden. Das ist die

Vision, aber wir können sie Stück für Stück umsetzen und machen dabei auch schon hoffnungsvolle Schritte. Viele, die noch vor einigen Jahren die erneuerbaren Energien als «nur additive Optionen» oder als «Forschungs- und Entwicklungsaufgabe» bezeichnet haben, müssen sich bereits heute eines Besseren belehren lassen. Denn schon heute leisten die erneuerbaren Energien nicht mehr zu leugnende Lösungsbeiträge zu den großen Herausforderungen. Dies gilt für den Umwelt- und Klimaschutz ebenso wie für die Versorgungssicherheit, aber auch für die Armutsbekämpfung. In einigen Energiekonzernen ändern sich mittlerweile konsequenterweise die Investitionsportfolios zugunsten von Off-Shore-Windkraftanlagen, Biomasse, Geo- und Solarthermie; vielleicht noch zu zaghaft, aber immerhin. Und wenn ein Manager heute über den längerfristigen Ausstieg aus der Kernenergie und der Braun- und Steinkohle nachdenkt, wird er nicht gleich als Ketzer gebrandmarkt.

Vor allem müssen Konzernchefs und Experten heute konzedieren, wie sehr sie sich in der Wachstumsdynamik der erneuerbaren Energien getäuscht haben. Die IEA hatte z. B. im Jahr 2003 für China bis 2010 einen Anstieg erneuerbarer Energien um 2,3 Gigawatt vorausgesagt; China plant heute für 2010 bereits 60 Gigawatt und für 2020 121 Gigawatt! Zusammen mit den Planungen in Indien entsteht hier ein gigantischer Weltmarkt für erneuerbare Energien, von Brasilien, Mexiko, Südafrika, Indonesien und anderen großen Schwellenländern ganz zu schweigen. Das für das Zieljahr 2010 im Jahr 2001 festgelegte deutsche Verdopplungsziel für den Stromerzeugungsanteil erneuerbarer Energien galt damals als sehr anspruchsvoll. Heute wissen wir, dass das damalige Ziel mit dem Ende 2006 erreichten Anteil von rund 12 % bereits nach gut der Hälfte der Zeit schon fast realisiert wurde. Deutschland hat damit auf den Märkten für erneuerbare Stromerzeugung eine Vorreiterrolle übernommen. Für diese Erfolge ist eine ambitionierte Markteinführungspolitik verantwortlich (zuvorderst das Erneuerbare-Energie-Gesetz, EEG), die den Verbrauchern in vertretbarem Umfang auch finanzielle Vorleistungen zumutet. Mit weniger als drei Euro pro Monat wird ein Vier-Personen-Haushalt (maxi-

mal bis etwa 2015) zu diesem Markteinführungsprogramm beitragen müssen. Diese Vorleistungen sind aber gut angelegtes Geld
und eine Art kollektive Versicherungsprämie, tragen sie doch
nicht nur zum Klimaschutz und zur Minimierung der Risiken der
Nutzung der Atomenergie bei, sondern auch zu einer zukunftsfähigen Innovations- und Wachstumsdynamik, zur Versorgungssicherheit und zur ökonomischen Absicherung gegenüber steigenden Energieträgerpreisen. Nicht zuletzt profitiert durch diese
Vorreiterrolle auch die exportorientierte deutsche Industrie. Ihre
Erfolgsgeschichten (70 % der Windenergiekomponenten gehen
heute schon ins Ausland und mit einem Umsatz von mehr als
1 Mrd. Euro pro Jahr mittlerweile auch mehr als ein Drittel der
Photovoltaikkomponenten) wären nicht möglich gewesen ohne
einen stabilen und wachsenden heimischen Markt.

Die zum Teil gegen massive Industrieinteressen erzwungene
Marktöffnung durch das EEG hat deutschen Herstellern erhebliche «First-Mover»-Vorteile verschafft. Das Erfolgsmodell des
EEG hat zudem einen wirksamen Marktzugang für Newcomer
auf dem bis dato wenig innovativen und hoch monopolisierten
Stromerzeugungssektor geschaffen. Würde diese Erfahrung in
Deutschland genauso konsequent auf die Kraft-Wärme-/Kälte-
Kopplung übertragen (wie z. B. in skandinavischen Ländern)
und bei der Förderung der Endenergieeffizienz umgesetzt (wie
ansatzweise in Großbritannien oder Dänemark), wäre Deutschland nicht nur Weltmeister bei der Windenergie, sondern auch
bei der Energieeffizienz – mit entsprechenden Chancen auf dem
Weltmarkt. Die Erfolgsgeschichte des EEG impliziert dabei auch
einen stillen Abschied von der neoliberalen Ideologie der stets
überlegenen Selbststeuerung von Märkten, und sie liefert an-
schauliche Belege für die Notwendigkeit und den Erfolg einer
auf ökologischeren Produkten basierenden Industriepolitik. Das
EEG ist insofern ein Paradebeispiel dafür, dass ein mutig prakti-
ziertes Primat nationaler Energiepolitik auch im Zeitalter der
Globalisierung Innovationen und Marktdiffusion beschleunigen
und damit Zukunftsmärkte kreieren kann.

Die Ausschöpfung der Energieeinsparpotenziale – so die zentrale These des Buches – ist die entscheidende Voraussetzung für

hohe Anteile erneuerbarer Energien und für die wirtschafts- und sozialverträgliche Umsetzung engagierter Klimaschutzziele bei gleichzeitigem Vollzug des beschlossenen Kernenergieausstiegs. Im Bündnis von Energieeffizienz und erneuerbaren Energien liegt das Potenzial, die Energiekosten dauerhaft zu begrenzen und die Wettbewerbsfähigkeit von Unternehmen und Volkswirtschaft gleichermaßen zu steigern. Szenarien zeigen: Langfristig entlastet die Strategie «Effizienz plus Erneuerbare» die volkswirtschaftliche Energierechnung in Milliardenhöhe im Vergleich zur Fortschreibung des nuklear-fossilen Energiesystems, von der Vermeidung exorbitanter, bisher auf die Gesellschaft abgewälzter Kosten der nuklearen und fossilen Energieerzeugung (so genannte «externe Kosten») ganz abgesehen. Trotz der lukrativen Aussichten steckt jedoch die Energieeffizienzpolitik – auch im Vergleich zur erfolgreichen Förderung der erneuerbaren Energien – noch in den Anfängen. Deshalb ist ein schlagkräftiges energiepolitisches Instrumentarium auf allen Ebenen überfällig. Um der unendlich zersplitterten Nachfrageseite des Marktes für Energiedienstleistungen gegenüber dem übermächtigen Energieangebot mehr Gehör und Marktchancen zu verschaffen, ist nicht nur ein neuer Mix an Förderinstrumenten notwendig, sondern auch kräftigere Akteure. Über einen nationalen Energieeffizienzfonds könnten hierfür die Voraussetzungen geschaffen werden. Der Fonds konzipiert, bündelt, fördert, schreibt aus und evaluiert zielorientierte Energiesparprogramme. Regionale Effizienzfonds, wie z. B. der ProKlima Fonds in Hannover, sind dazu ideale Ergänzungen. All dies sind nur erste Ansätze für die Entwicklung von Gegengewichten im strukturell asymmetrischen Energiesystem. Während auf der Seite der Energieanbieter tausende hochkarätige Experten in der Kraftwerksplanung oder im Vertrieb noch vorwiegend über Strategien der Absatzausweitung von Elektrizität, Erdgas, Öl und Fernwärme nachdenken, fehlen auf der Seite der Nachfrage entsprechend professionelle Expertenstäbe für Strategien der Effizienzsteigerung. Das gleiche Missverhältnis zeigt sich in der Personalausstattung von Ministerien, in der Hochschulausbildung und ganz generell in vielen Ländern in den Prioritäten für Forschung und Entwicklung: Effizienztechniken und die Nachfrageseite des Energiemarkts sind bisher hoffnungslos unterrepräsentiert. Wollen wir die Herausforderungen meistern, muss sich dies ändern.

Erneuerbare Energien und Energieeffizienz sind die tragenden Säulen für eine zukunftsfähige Energieversorgung. Sie dürfen dabei nicht nebeneinander, sondern müssen miteinander (verzahnt) entwickelt werden. In Zukunft sollte es selbstverständlich werden, erneuerbare Energien und Energieeffizienzsteigerungen möglichst immer gemeinsam zu planen und umzusetzen. Das gilt für Gebäude, Prozesse, Fahrzeuge, Regionen und Kraftwerksparks wie auch für den Markt für Energiedienstleistungen generell. Denn Energieeffizienz und dezentrale erneuerbare Energieerzeugung könnten die größten Leitmärkte der Zukunft bilden. Eine erfolgreiche ökologische Modernisierung der deutschen Volkswirtschaft nach der Formel «Effizienz plus Erneuerbare» hätte nicht nur für die EU, sondern auch weltweit eine erhebliche Signalwirkung für den Klima- und Ressourcenschutz.

Doch machen wir uns nichts vor. Trotz der glänzenden Aussichten einer auf Energieeffizienzsteigerungen, erneuerbaren Energien und KWK gestützten Nachhaltigkeitsstrategie stößt deren reale Umsetzung noch auf Unverständnis und teilweise massive Gegenwehr einiger Industrielobbyisten. Immer wieder stellt sich bei nüchterner Betrachtung die Situation wie folgt dar: Die von der wissenschaftlichen Politikberatung entwickelten und von der Umweltpolitik (vgl. Leitszenario des BMU, 2007) übernommenen Zukunftsszenarien, wie sie oben dargestellt wurden, sind für einige Schlüsselakteure im Energiesektor zumeist nur interessante Gedankenexperimente. Augenfällig ist dies für die Kraftwerksplanungen. In einer geradezu abenteuerlichen Torschlusspanik (in Erwartung härterer Klimaschutzziele nach 2012) wird derzeit (Stand Mai 2007) die Errichtung von bis zu 40 Gigawatt Großkraftwerken (größtenteils auf der Basis des Brennstoffs Kohle) geplant. Würden diese Planungen Realität (was sehr unwahrscheinlich ist), wären sie nicht nur gegenüber dem Klima, sondern auch gegenüber den Aktionären grob verantwortungslos. Denn Szenarien zeigen, dass nur etwa 15 Gigawatt hocheffiziente Kohle-Großkraftwerke (soweit eben möglich als

KWK-Anlagen ausgeführt) mit mittel- und langfristigen Klima-
schutzzielen unter wirtschaftlich tragfähigen Rahmenbedingungen vereinbar sind. Kraftwerke sind langfristige Investitionen, mit ihrem Bau werden CO_2-Emissionen in erheblichem
Umfang strukturell über viele Jahrzehnte festgelegt. Würden die
Kraftwerke gebaut und die Klimaschutzziele tatsächlich wie
notwendig verschärft, könnten im erheblichen Umfang «stranded investments» entstehen oder zumindest hohe Folgekosten
durch die nachträglich erforderliche Einbeziehung einer CO_2-Ab-
trennung und -Speicherung (die erfolgreiche Weiterentwicklung
und ökologisch verträgliche Einsetzbarkeit dieser Technologie
vorausgesetzt).

Zwischen szenariengestützten gesellschaftlichen Leitbildern
einer klimaverträglichen Energiewende, wie sie sich auch Teile
der Politik zu eigen machen, und den Investitionsplanungen der
großen Energiekonzerne tut sich also offensichtlich eine große
Kluft auf. Gesellschaftlich wünschenswerte Ziele und auf kurz-
fristige Rendite optimierte Unternehmensplanungen klaffen
zum Teil stark auseinander. Zur Überwindung dieser Kluft ist
notwendig, was seit Jahrzehnten schmerzlich vermisst wird: ein
nationales, von allen gesellschaftlichen Gruppen getragenes
Energiekonzept und konkrete staatliche Leitplanken und Anreizsysteme in einzel- und gesamtwirtschaftliche Ziele besser
zusammenzubringen. Konzerne, die sich einer solchen Konsensfindung verweigern, müssen daran erinnert werden, dass
nur die Politik das Recht und die Pflicht hat, überlebensnotwen-
dige Leitziele festzulegen und notfalls auch gegen Sparteninteressen durchzusetzen. Wer den notwendigen klima- und ressour-
cenverträglichen Strukturwandel aus betriebswirtschaftlichem
Interesse blockiert, der gefährdet den «Industriestandort Deutschland». Denn dessen Wettbewerbsfähigkeit wird sich auf den
zukünftigen Leitmärkten z. B. für Energie- und Ressourceneffizienz entscheiden und nicht an überholten Geschäftsfeldern ein-
zelner Energie- oder Autokonzerne orientieren.

Die Bedingungen dafür, ein solches zukunftsfähiges Energiekonzept das Klima- und Ressourcenschutz Rechnung trägt, zu
konkretisieren und umzusetzen, haben sich dadurch verbessert,

dass generell die Handlungsbereitschaft bei Staat, Zivilgesell-
schaft und Wirtschaft gewachsen ist, Letztere das Primat der
Politik grundsätzlich anerkennt und sich aufgrund der gewach-
senen wissenschaftlichen Erkenntnisse auch der Zwang zur
Konsensfindung für den Klimaschutz erhöht hat. Ein wesent-
licher Ansatzpunkt ist das von der Bundesregierung im April
2007 vorgestellte mittelfristige Klimaschutzkonzept («Acht-
Punkte-Programm») bis zum Jahr 2020. Vor dem Hintergrund
der klima- und energiepolitischen Vorgaben des EU-Gipfels vom
9. März 2007 (Rat der EU 2007) hat die Bundesregierung erstmalig weitgehende quantifizierte Sektorziele (z. B. für Stromeffi-
zienz, Kraft-Wärme-Kopplung und erneuerbare Wärmeerzeugung) festgelegt und beschlossen, bis zum Jahr 2020 40 % CO_2
einzusparen – ein durchaus ambitioniertes, aber auch notwen-
diges Zwischenziel. Im Vergleich zum Jahr 2000 (2005) erfordert dies eine Reduktion von 270 (224) Mio. t CO_2. Da in den
letzten 17 Jahren (1990–2006) nur eine Minderung von 18 %
erreicht wurde, bedeutete die Realisierung bis 2020 einen Quan-
tensprung für die nationale Klimaschutzpolitik mit enormer internationaler Vorbildwirkung. Damit legt sich erstmalig eines
der mächtigsten Industrieländer der Welt eine Messlatte vor, die
in Einzelbereiche heruntergebrochen und durch Szenariorech-
nungen belegt ist.

Die konsequente Umsetzung dieses Konzeptes könnte zeigen,
dass das Bündnis aus Energieeffizienz und erneuerbaren Energien und eine kraftvolle neue Klima- und Industriepolitik die
Herausforderungen von Klima- und Ressourcenschutz erfolgreich meistern kann. Die mutige und beispielhafte Umsetzung
eines derart integrierten nationalen Markteinführungskonzepts
könnte sich weltweit damit als einer der entscheidenden Wende-
punkte in Richtung der global notwendigen Umsteuerung zu einer Energieeffizienz- und Solarenergiewirtschaft erweisen. Dies
würde neue Hoffnung für Millionen bedeuten. Warum also nicht
heute damit beginnen?

Dank

Das Schreiben dieses Buches wäre ohne die unterstützende Mitwirkung zahlreicher Kolleginnen und Kollegen des Wuppertal Instituts für Klima, Umwelt, Energie nicht möglich gewesen. Ihnen sei an dieser Stelle recht herzlich gedankt. Explizit gilt der Dank Karin Arnold, Claus Barthel, Carmen Dienst, Christine Krüger, Frank Merten, Stephan Ramesohl, Dietmar Schüwer, Sebastian Sewerin, Niko Supersberger und Johannes Venjakob für ihre wertvolle Zulieferung und Kommentare. Für die technische Unterstützung und die Durchsicht des Manuskripts möchten wir Beate Schöne und Dorle Riechert danken. Schließlich danken wir Stefan Bollmann und Angelika von der Lahr für die Betreuung durch den Verlag C. H. Beck.

Literatur

Aachener Stiftung 2005: Aachener Stiftung Kathy Beys (Hrsg.): Ressourcen-produktivität als Chance. Ein langfristiges Konjunkturprogramm für Deutschland. Norderstedt: Book on Demand GmbH, 2005.

ADL/FhISI/WI 2005: Arthur D. Little ALD; Fraunhofer-Institut für System- und Innovationsforschung FhISI; Wuppertal Institut für Klima, Umwelt, Energie WI (Hrsg.): Studie zur Konzeption eines Programms für die Steigerung der Materialeffizienz in mittelständischen Unternehmen. Abschlussbericht im Auftrag des Bundesministeriums für Wirtschaft und Arbeit. Wuppertal 2005.

BMU 2005: Die projektbasierten Mechanismen CDM & JI. Einführung und praktische Beispiele. Berlin.

BMU 2006a: Bundesumweltministerium: Erneuerbare Energien in Zahlen, Berlin 2006.

BMU 2006b: Bundesministerium für Umwelt, Naturschutz und Reaktorsicherheit BMU(Hrsg.): Ökologische Industriepolitik. Memorandum für einen «New Deal» von Wirtschaft, Umwelt und Beschäftigung. Berlin: BMU, 2006. (http://www.bmu.de/files/pdfs/allgemein/application/pdf/memorandum_oekol_industriepolitik.pdf).

BMU 2006c: Bundesministerium für Umwelt, Naturschutz und Reaktorsicherheit BMU (Hrsg.): Umweltbewusstsein in Deutschland 2006. Ergebnisse einer repräsentativen Bevölkerungsumfrage. Berlin: BMU, 2006. (http://www.bmu.de/files/pdfs/allgemein/application/pdf/broschuere_umweltbewusstsein.pdf).

BMU 2007: Bundesministerium für Umwelt, Naturschutz und Reaktorsicherheit BMU (Hrsg.): Leitstudie 2007. Ausbaustrategie Erneuerbare Energien. Aktualisierung und Neubewertung bis zu den Jahren 2020 und 2030 mit Ausblick bis 2050. Berlin: BMU Referat KI III 1, 2007. (http://www.bmu.de/files/pdfs/allgemein/application/pdf/leitstudie2007.pdf).

Deutscher Bundestag 2002: Deutscher Bundestag (Hrsg.): Nachhaltige Energieversorgung unter den Bedingungen der Globalisierung und der Liberalisierung. Bericht der Enquete-Kommission. Berlin: Deutscher Bundestag, Referat Öffentlichkeitsarbeit, 2002.

DLR 2004: Deutsches Zentrum für Luft- und Raumfahrt Stuttgart, Wuppertal Institut, ifeu: Ökologisch optimierter Ausbau erneuerbarer Energien, Untersuchung im Auftrag des Bundesumweltministeriums, Stuttgart, Wuppertal, Heidelberg 2004.

DLR 2006: Deutsches Zentrum für Luft- und Raumfahrt Stuttgart, Wuppertal Institut, Zentrum für Sonnenenergie- und Wasserstoffforschung: Ausbau erneuerbarer Energien bis zum Jahr 2020, Untersuchung im Auftrag des Bundesumweltministeriums, Stuttgart, Wuppertal 2006.

DLR/EREC 2007: Deutsches Zentrum für Luft- und Raumfahrt Stuttgart, European Renewable Energy Council (EREC : energy revolution – a sustainable energy outlook, Stuttgart 2007.

Ecofys 2005: ECOFYS: CDM Projekt registriert. – Biomasse Projekt in Indien generiert Emissionsreduktionen für die Niederlande

EEA 2006: European Environmental Agency: How much bioenergy can Europe produce without harming the environment?, Kopenhagen 2006.

EU 2006: Richtlinie 2006/32/EG der Europäischen Parlamentes und des Rates vom 5. April 2006 über Endenergieeffizienz und Energiedienstleistungen und zur Aufhebung der Richtlinie 93/76/EWG des Rates. Amtsblatt der Europäischen Union, L 114/64, 27.4.2006.

Energy Future Coalition 2003: Energy Future Coaltion (ed.): Challenge and Opportunity. Charting a New Energy Future. Washington DC: Energy Future Coalition, 2003. (http://www.energyfuturecoalition.org/pubs/EFC%20Report.pdf).

Energy Future Coalition 2005: Energy Future Coalition: Challenge and Opportunity. Charting a New Energy Future, Washington, D.C., Energy Future Coalition, March 2005. (http://energyfuturecoalition.org/pubs/EFCReport.pdf).

Forres 2005: M. Ragwitz, C. Huber, M. Voogt et.al: FORRES 2020 – Analysis of the renewable energy sources evolution up to 2020; Fraunhofer ISI, EEG, ECOFYS, REC, KEMA, Karlsruhe April 2005.

Greenpeace Deutschland 2005: Greenpeace Deutschland (Hrsg.): 2000 Megawatt – sauber. Die Alternative zum geplanten RWE Braunkohle Kraftwerk Neurath. Hamburg: Greenpeace, 2005. (http://www.greenpeace.de/fileadmin/gpd/user_upload/themen/energie/Studie_2000MWsauber.pdf).

Greenpeace International 2005: Greenpeace International (Hrsg.): Energy Revolution. A Sustainable Pathway to a Clean Energy Future for Europe. A European Energy Scenario for EU-25. Amsterdam: Greenpeace International, 2005. (http://www.greenpeace.org/international/press/reports/energy-revolution-a-sustainab).

Goldemberg 2000: Goldemberg, José (Hrsg.): World Energy Assessment. Energy and the Challenge of Sustainability. New York: United Nations Development Programme, 2000.

Hawken et al. 1999: Hawken, Paul; Lovins, Amory B.; Lovins, L. Hunter: Natural Capitalism. The Next Industrial Revolution. London: Earthscan, 1999.

Hennicke/Müller 2005: Hennicke, Peter; Müller, Michael: Weltmacht Energie. Herausforderung für Demokratie und Wohlstand. Stuttgart: Hirzel Verlag, 2005.

Hennicke 2007a: Hennicke, Peter: Ressourceneffizienz. Triebkraft für einen Paradigmenwechsel in der Umwelt-, Wirtschafts- und Regionalpolitik.

In: Reutter, Oscar (Hrsg.): Ressourceneffizienz. Der neue Reichtum der Städte. Impulse für eine zukunftsfähige Kommune. München: oekom Verlag, 2007.

Hennicke 2007b: Henicke, Peter: Chancen einer Jahrhundertaufgabe. In: Handelsblatt vom 20. März 2007.

HM Treasury: Her Majesty´s Treasury (Hrsg.): Stern Review on the Economics of Climate Change. London: HM Treasury, 30 October 2006. (http://www.hm-treasury.gov.uk/independent_reviews/stern_review_economics_climate_change/sternreview_index.cfm).

IEA 2005: International Energy Agency: World Energy Outlook 2005, Paris 2005.

IEA 2006: International Energy Agency: World Energy Outlook 2006, Paris 2006.

IEA 2006a: International Energy Agency IEA (Hrsg.): World Energy Outlook 2006. Paris: International Energy Agency, 2006.

IEA 2006b: International Energy Agency IEA (Hrsg.): Energy Technology Perspectives. Scenarios & Strategies to 2050. Paris: International Energy Agency, 2006.

IER et al. 2004: Institut für Energiewirtschaft und Rationelle Energieanwendung IER et al. (Hrsg.): New Elements for the Assessment of External Costs from Energy Technologies. Final Report to the European Commission, DG Research, Technological Development and Demonstration. Stuttgart: IER, 2004.

IPCC 2007: Intergovernmental Panel on Climate Change, Fourth Assessment Report, Working Group III, Summary for Policy Makers, 2007.

Jochem 2004: Jochem, Eberhard (ed.): Steps towards a Sustainable Development. A White Book for R&D of Energy-efficient Technologies. Zürich: Centre for Energy Policy and Economics CEPE, 2004. (http://www.cepe.ethz.ch/publications/cepeBooks/WhiteBook_on_RD_energyefficient_technologies.pdf).

Kaltschmitt/Wiese 2004: Kaltschmitt, M., Wiese, M.: Erneuerbare Energien, Springer Verlag, Berlin 2004.

Krewitt 2006: Krewitt, W. u. a.: Externe Kosten der Stromerzeugung aus erneuerbaren Energien im Vergleich zur Stromerzeugung aus fossilen Energieträgern, Studie im Auftrag des Bundesministerium für Umwelt, Stuttgart 2006.

Latif 2007: Latif, Mojib: Bringen wir das Klima aus dem Takt? Hintergründe und Prognosen. Frankfurt/Main: S. Fischer Verlag, 2007.

Lovins et al. 2004: Lovins, Amory B. et al.: Winnning the Oil Endgame. Innovation for Profits, Jobs, and Security. Snowmass COL: Rocky Mountain Institute, 2004.

Martinot 2006: Martinot, E.: Global Status Report Renewable Energy, 2006.

McKinsey 2007: Enkvist, P. et al: A cost curve for greenhouse gas reduction, Mc Kinsey Quaterly Report, 2007.

Meinecke 1995: Meinecke, Wolfgang: Solar energy concentrating systems: applications and technologies / W. Meinecke/M. Bohn. Deutsche Forschungsanstalt für Luft- und Raumfahrt e. V. (DLR). M. Becker/B. Gupta (Hrsg.). – Heidelberg: C.F. Müller, 1995.

Nitsch 2004: J. Nitsch, M. Pehnt, M. Fischedick et. al: Ökologisch optimierter Ausbau der Nutzung erneuerbarer Energien in Deutschland; DLR, Köln; ifeu Institut, Heidelberg; Wuppertal Institut, Wuppertal, im Auftrag des BMU, März 2004.

Pacala/Socolow 2004: Pacala, Stephen; Socolow, Robert: Stabilization Wedges. Solving the Climate Problem for the Next 50 Years with Current Technologies. In: Science, Vol. 305 (2004), Issue 5686, pp. 968-972.

Rat der EU 2007: Rat der Europäischen Union: Schlussfolgerungen des Vorsitzes. 7224/07. Brüssel: 09.03.2007.

REN21 2005: Energy for Development. The Potential Role of Renewable Energy in Meeting the Millenium Development Goals. Paper prepared for the REN21 Network by the Worldwatch Institute. Lead Authors: C. Flavin & M. Hull Aeck.

Riah et al. 2005: Riah, Keywan; Roehrl, R. Alexander; Schrattenholzer, Leo (eds.); Technology Clusters in Sustainable-Development Scenarios. Interim Report for The Collaboration Projects. Laxenburg: International Institute for Applied Systems Analysis IIASA, 2005.

Rifkin 2002: Rifkin, Jeremy: Die H2-Revolution. Wenn es kein Öl mehr gibt. Mit neuer Energie für eine gerechte Weltwirtschaft. Frankfurt/Main: Campus Verlag, 2002.

Scheer 2005: Scheer, Hermann: Energieautonomie. Eine neue Politik für erneuerbare Energien Energien. München: Kunstmann, 2005.

Shell 1995: Deutsche Shell AG (Hrsg.): Energie im 21. Jahrhundert. Betrachtungen zur Entwicklung des Welt-Energieverbrauchs. Broschüre Aktuelle Wirtschaftsanalysen Jg. 5(1995), Heft 25. Hamburg: Deutsche Shell AG, 1995.

Schellnhuber 2006: Schellnhuber, Hans-Joachim (ed.): Avoiding Dangerous Climate Change. Cambridge: Cambridge University Press, 2006.

Shukla 2004: Shukla, A., Fischedick, M., Dienst, C. (2004): Rural Electrification in Developing Countries: Dimensions and Trends. IN: Chakravarthy, G., Shukla, A., Misra, A. (2004): Renewables and Rural Electrification, Oldenburg.

Staiß 2006: Staiß, F., Jahrbuch Erneuerbare Energien 2005, Stuttgart 2006.

Stern 2006: Stern, N.: Stern Review. The Economics of Climate Change, in: HM Treasury: London, 2006. (http://www.hm-treasury.gov.uk/independent_reviews/stern_review_economics_climate_change).

Thomas et al. 2002: Thomas, Stefan et al.: Die vergessene Säule der Energiepolitik. Energieeffizienz im liberalisierten Strom- und Gasmarkt in Deutschland. Wuppertal Spezial Nr. 24. Wuppertal: Wuppertal Institut, 2002.

Thomas 2006: Thomas, Stefan: Dissertation zur Erlangung des Grades eines Doktors der Philosophie (Dr. Phil.). Aktivitäten der Energiewirtschaft zur

Förderung der Energieeffizienz auf der Nachfrageseite in liberalisierten Strom- und Gasmärkten europäischer Staaten. Kriteriengestützter Vergleich der politischen Rahmenbedingungen. Vorgelegt dem Fachbereich Politik- und Sozialwissenschaften der Freien Universität Berlin. Mai 2006.

UN 2006: http://www.un.org/millenniumgoals/ (19.12.2006).

UNDP 2005a: Human Development Report 2005. New York.

UNDP 2005b: Energizing the Millenium Development Goals. A Guide to Energy's Role in Reducing Poverty. New York.

UNFCCC, 2006a: United Nations Framework Convention on Climate Change Information on Homepage; http://unfccc.int (20.12.2006).

UNFCCC 2006b: United Nations Framework Convention on Climate Change Information on CDM-Homepage; WHO (2006): Fuel for Life – Household Energy and Health. (http://www.who.int/indoorair/publications/fuelforlife.pdf).

WBGU 2003: Wissenschaftlicher Beirat der Bundesregierung Globale Umweltveränderungen WBGU (Hrsg.): Über Kioto hinaus denken. Klimaschutzstrategien für das 21. Jahrhundert. Berlin: WBGU, 2003. (http://www.wbgu.de/wbgu_sn2003.pdf).

WEC 1998: World Energy Council WEC: Energy and Technology. Sustaining World Development into the Next Millenium. Conclusions & Recommendations. World Energy Congress, Houston, USA, 13-18 September 1998. (http://www.worldenergy.org/wec-geis/wec_congress/1998/default.asp).

Weizsäcker et al. 1997: Weizsäcker, Ernst U. von; Lovins, Amory B.; Lovins, L. Hunter: Factor Four. Doubling Wealth – Halving Resource Use. The New Report to the Club of Rome. London: Earthscan, 1997.

WI et al. 2005: Wuppertal Institut WI et al. (Hrsg.): Solar Thermal Energy in Iran. Saving Energy, Realising Net Economic Benefits and Protecting the Environment by Investing in Energy Efficiency and Renewable Energies. Wuppertal: Wuppertal Institut, 2005.

WI 2006a: Wuppertal Institut (Hrsg.): Fair Future. Ein Report des Wuppertal Instituts. Begrenzte Ressourcen und globale Gerechtigkeit. München: Verlag C. H. Beck, 2006.

WI 2006b: Wuppertal Institut (Hrsg.): Optionen und Potenziale für Endenergieeffizienz und Energiedienstleistungen. Kurzfassung. Endbericht im Auftrag der E.ON AG. Wuppertal: Wuppertal Institut, 2006. (http://www.wupperinst.org/uploads/tx_wiprojekt/EE_EDL_Final_short_de.pdf).

WI 2006c: Wuppertal Institut (Hrsg.): Der Energiesparfonds für Deutschland, Studie im Auftrag der Heinrich Böll Stiftung, Wuppertal, 2006

WI 2007: Wuppertal Institut: Förderung erneuerbarer Energien in Entwicklungsländern durch den Clean Development Mechanism. Projekt im Auftrag des Umweltbundesamtes. Unveröffentlichter Endbericht. Wuppertal 2007.

World Bank 2006: The World Bank (ed.): Clean Energy and Development. Towards an Investment Framework. Washington: World Bank Development Committee, 2006.

WRI 2005: World Ressource Institute: The Wealth of the Poor. Managing Ecosystems to Fight Poverty. Washington: World Resources Institute.

WWI 2006: The Worldwatch Institute, Vital Signs 2006-2007, New York 2006.

Register